... les Décrets qui lui ont été envoyés par l'Intendant

de la Province ; & ses motifs sont également fondés sur le contrat de réunion de la France avec la Bretagne. . . . . Qui de nous, a-t-il dit, en finissant, n'a pas été touché de la justification imposante, j'ose le dire, que la Chambre des Vacations du Parlement de Rennes est venue présenter à l'Assemblée ? Et qui de nous encore ne doit pas regretter d'avoir contribué au Décret rigoureux qui a forcé d'honorables Magistrats à venir se justifier de la calomnie atroce dont ils sont la victime ? L'opinant a terminé son discours par proposer à l'Assemblée de décréter :

« Qu'ayant reconnu la pureté des Motifs qui ont déterminé la conduite de la Chambre des Vacations du Parlement de Rennes, il n'y avoit lieu à aucune inculpation ; qu'elle regardoit comme nul le mandat qu'elle lui avoit signifié de venir à la Barre, & que les Magistrats composant cette Chambre de Vacations, seroient mis sous la sauve-garde de la Loi. »

« Je suis bien étonné, a dit M. Chapellier, & vous ne l'avez sans doute pas été moins que moi, messieurs, d'entendre le Préopinant faire l'apologie d'une désobéissance aussi marquée, d'un mépris aussi insultant & de la plus coupable résistance à vos Décrets. La Chambre des Vacations du Parlement de Rennes a tiré ses moyens de justification de droits & de prérogatives, auxquels la Province a formellement renoncé, & je ne vois en cela qu'un crime de plus dans sa conduite. N'est-ce pas un délit majeur que de s'élever ainsi au-dessus de toute autorité, d'empêcher tous les pouvoirs, de se mettre à leur place, d'insulter à l'autorité du Peuple, en se servant du prétexte du maintien de ses droits pour reclamer des priviléges effacés, qui étoient entre les mains du Parlement, un instrument continuel d'oppression & de Tyrannie envers ce même Peuple. La Bretagne, a-t-il ajouté, avoit des franchises & des prérogatives résultantes d'un contrat passé entre les Bretons & les Rois François ; nous les avons soutenues ces prérogatives, toutes les fois qu'elles ont été attaquées par l'autorité arbitraire ; mais toujours dans l'espérance de voir renaître un meilleur ordre de choses sous un Monarque véritablement ami de la liberté. Nous sommes partis, à

# COMPTES-FAITS

## A LA MANIÈRE

## DE BARÊME,

### SUR

## LES NOUVEAUX POIDS ET MESURES,

### AVEC LES PRIX PROPORTIONNELS,

A l'usage des Commerçans, Marchands-détaillants et autres.

### PAR CH. HAROS,

*AUTEUR de l'Instruction abrégée sur les Nouvelles Mesures, approuvée par l'Institut national, le 21 ventôse an IX.*

## A PARIS,

Chez

Courcier, imprimeur-libraire, rue Poupée, n°. 5.

Firmin Didot, rue de Thionville, n°. 116.

L'auteur, rue de l'Ecole de Médecine, faubourg-St-Germain, n°. 18.

An X = 1802.

# *PRÉFACE.*

Les personnes qui ont quelqnes notions du calcul décimal, savent qu'il est plus facile de calculer la valeur d'un certain nombre de nouvelles mesures en francs et centimes, que d'en trouver la valeur en livres, sous et deniers. Un Barême décimal devient donc très-utile dans le commerce, surtout depuis l'introduction générale des nouveaux poids et mesures métriques, qui nécessite des comptes-faits en francs et centimes, et non des comptes-faits en livres, sous et deniers.

J'ai donné dans mon *Instruction abrégée sur les nouvelles Mesures*, et à la fin de l'Arithmétique de *Bezout*, des tables pour convertir un nombre quelconque de mesures anciennes en mesures nouvelles, et réciproquement (*). Le premier ouvrage renferme les principes du calcul décimal, appliqué aux nouvelles mesures; et le second présente l'analyse des rapports des nouvelles mesures aux anciennes. Le désir d'éclairer promptement une partie du public sur les avantages du nouveau système

---

(*) Ces deux ouvrages se vendent à Paris', chez Firmin Didot, libraire pour les Mathématiques, etc. rue de Thionville, n°. 116,

métrique et du calcul décimal, m'a seul em-
pêché de calculer des tables plus étendues,
d'où il résulte que pour faire une conversion
par ces tables, on doit toujours réunir par
l'addition, autant de nombres qu'il y a de
chiffres significatifs dans la quantité à évaluer.

C'est afin d'éviter cette opération, ou au
moins pour la simplifier, que je présente au
public des comptes-faits à la manière de Barême, tant pour la conversion réciproque des
mesures anciennes et nouvelles, que pour déterminer en francs et centimes la valeur d'un
certain nombre de choses, depuis un centime
la chose jusqu'à 99 centimes, et depuis un
franc jusqu'à 99 francs, en supprimant simplement la virgule décimale qui sépare les
francs d'avec les centimes.

Chaque espèce de table est précédée des
noms des instrumens de mesurage qui doivent
avoir lieu dans tous les départemens. La valeur de chaque mesure nouvelle est donnée
en mesures anciennes, ainsi que le prix de
la nouvelle mesure, calculé d'après celui de
la mesure ancienne analogue.

Je n'ai rien négligé pour donner à cet ouvrage un degré d'exactitude propre à mériter
la plus entière confiance. Je désire qu'il ré-
ponde à l'accueil que le public a bien voulu
faire à mon *Instruction abrégée.*

# AVANT-PROPOS.

Faire dépendre toutes les mesures d'une base unique prise dans la nature, assujettir chacune des ces mesures à la division décimale qui découle naturellement de notre numération ; c'est composer un système de mesures qui tend à l'amélioration de l'instruction publique, c'est ajouter un bienfait à celui qui doit résulter de l'uniformité des poids et mesures.

Malgré tous ces avantages, on a vu quelques personnes instruites, mais dirigées sans doute par des intérêts particuliers, faire des efforts pour déprécier ce système ; d'autres peu instruites, et qui ne peuvent par conséquent connoître tous les avantages de ce système, soutenir qu'il est défectueux et impraticable ; d'autres enfin, pour qui tout changement, même utile, est un sujet de mécontentement, se refuser absolument à toute instruction à cet égard, parce qu'elles tiennent avec opiniâtreté à leurs vieilles habitudes. La plupart ignorent que le système métrique à été réfléchi et médité par des hommes éclairés dont les talens font honneur à la France ; que plusieurs savants envoyés par les puissances amies, ont donné leur assentiment à ce travail, et que l'intro-

A

duction générale des nouveaux poids et mesures métriques sera l'objet éternel de la reconnoissance des générations futures.

D'après l'arrêté des consuls du 15 brumaire an 9 , l'introduction des nouveaux poids et mesures a eu lieu le premier vendémiaire an 10. Cet arrêté permet , il est vrai , de substituer à la place des noms systématiques , appliqués aux nouvelles mesures , des noms déjà usités dans la plupart des départements ; mais il ne supprime pas pour cela les noms systématiques ; on peut donc faire usage de l'une ou de l'autre nomenclature.

Les tables que je publie sont indispensables dans le commerce. Elles serviront à chaque instant aux débitants , pour donner le nombre de mesures nouvelles équivalentes au nombre de mesures anciennes qu'on lui demandera. Elles serviront aussi à celui qui veut acheter , pour demander le nombre de nouvelles mesures équivalentes au nombre des mesures anciennes qu'il desirera , ou pour s'assurer qu'il n'est pas trompé. Cette conversion est d'autant plus nécessaire qu'il n'existe plus d'étalon pour la vérification des anciennes mesures , et que les fripons peuvent saisir cette occasion pour les altérer.

A l'égard des personnes qui ne peuvent

apprendre les choses que verbalement, il me semble qu'elles retiendront en peu de tems dans leur mémoire les noms et les valeurs des nouvelles mesures si, lorsqu'elles demanderont un certain nombre de mesures anciennes, on leur dit : voilà tant de mesures métriques pour équivalent.

Les marchands calculeront facilement leur facture s'ils expriment en francs et centimes le prix de chaque espèce de mesures nouvelles, parce que les quantités décimales se calculent de la même manière que les nombres entiers. Il faut se bien persuader que ce n'est pas en calculant les nouvelles mesures par livres, sols et deniers que l'on éprouvera les heureux effets du systême métrique, et l'on s'éloigneroit encore plus du but, en voulant assujettir une nouvelle mesure à la division d'une mesure ancienne analogue ; ce qui ne pourroit se faire sans erreurs. (1)

------

(1) On sait assez généralement à Paris que le litre est un peu plus grand que la pinte, et le demi-litre plus grand que la chopine. Plusieurs personnes ont pensé qu'il devoit y avoir aussi un nouveau demi-setier plus grand que le demi-setier ancien : c'est une erreur. La mesure immédiatement plus petite que le demi-litre, est le double décilitre qui n'est que la cinquième partie du

On doit toujours se rappeller, que la division d'une mesure nouvelle quelconque se fait par dix et que pour construire les instrumens de mesurage on prend cinq, ou deux, ou une de ces parties, de sorte qu'un instrument de mesurage numéroté 1, est précédé d'un instrument double numéroté 2, et suivi d'un autre égal à sa moitié numéroté 5.

----

litre ; on ne doit donc payer pour le double décilitre que la cinquième partie du prix du litre et non pas le quart de ce prix. Il en est de même du double hectogramme qui ne peut être considéré comme la demi-livre ancienne, parce qu'il pèse environ une once et demie de moins.

Elle se compose de douze mots seulement;
savoir : de cinq noms génériques et de sept
prénoms.

Les unités pricipales ou génériques sont :

*Mètre*,     pour mesurer les longueurs.

*Are*,    . . . . . . les superficies.

*Stère*,    . . . . . les solidités.

*Litre*,    . . . . . les capacités.

*Gramme*, . . . . . les pesanteurs.

Les prénoms sont :

*Myria*, qui expr. dix mille unités quelc. 10000

*Kilo*, . . . . . . mille unités . . . . . 1000

*Hecto*, . . . . . cent unités . . . . . 100

*Déca*, . . . . . dix unités . . . . . . 10

*Déci*, . . . . . dixième d'unité . . 0,1

*Centi*, . . . . . centième d'unité . . 0,01

*Milli*, . . . . . . millième d'unité . . 0,001

Ainsi myriamètre, vaut dix mille mètres;
kilogramme, mille grammes; hectare, cent
ares; décalitre, dix litres, etc.

On voit par les valeurs des prénoms que

Le myriamètre contient 10 kilomètres.

— kilomètre . . . . . . 10 hectomètres.

L'hectomètre . . . . . 10 décamètres.

— décamètre . . . . . 10 mètres.

— mètre . . . . . . . 10 décimètres.

A 3

Le décimètre contient 10 centimètres.
— centimètre . . . . . 10 millimètres.

et qu'il en est de même pour les autres classes des mesures.

Les prénoms ne peuvent être employés seuls ; ils doivent toujours précéder l'une des cinq unités génériques, excepté *stère* qui ne doit être précédé que de *déca* ou de *déci*. On supprime aussi les voyelles finales des prénoms, lorsqu'ils doivent précéder l'unité générique *are*.

*Nota*. Lorsqu'un nombre exprime des mésures métriques, on doit séparer par un point ou par une virgule les unités génériques d'avec les unités immédiatement inférieures, ou bien le chiffre qui renferme les unités principales que l'on considère.

Le mouvement de la virgule vers la droite donne une valeur 10 fois plus grande, lorsqu'on avance cette virgule d'un chiffre ; 100 fois plus grande, quand on l'avance de deux chiffres ; et ainsi de suite : le mouvement de la virgule vers la gauche, donne au contraire une valeur 10 fois ou 100 fois, etc. plus petite que la quantité primitive.

C'est à l'aide de ces deux procédés que l'on donne aux tables abrégées plus d'extension.

*Nomenclature permise par l'arrêté des con-
suls du 13 brumaire an 9, précédée de
celle fixée par la loi du 18 germinal an 3.*

### Mesures itinéraires.

Myriamètre . . lieue vaut dix mille mètres.
Kilomètre . . . mille . . mille mètres.

### Mesures linéaires ou de longueur.

Décamètre . . perche linéaire . . dix mètres.
Mètre . . . . mètre . . . base du systême.
Décimètre . . palme . . . dixième du mètre.
Centimètre . doigt . . . centième du mèt.
Millimètre . . trait . . . . millième du mèt.

### Mesures agraires ou de superficies.

Myriam. q. . . lieue quar. cent kilom. q.
Kilomèt. q. . . mille q. . cent hectares.
Hectare . . . . arpent . . cent ares.
Are . . . . . . perche q. . cent mètres q.
Centiare . . . mètre q. . cent décim. q.
Décimètre q. . palme q. . centième du m. q.
Centimètre q. . doigt q. . dix millième id.
Millimètre q. . trait q. . millionième. id.

### Mesures de solidité pour les bois de chauffage, de charpente, etc.

Décastère . . . . . . . . . dix stères.
Stère . . . . mètre cube . dix décistères.
Décistère . . solive (charp.) dixième du m. c.

Mètre cube . mètre c. . . . mille décim. c.
Décim. cube palme c. . . . millième du m. c.
Centim. cube doigt c. . . . millionième id.
Millim. cube . trait c. . . . billionième id.

*Mesures pour les liquides.*

Décalitre . . velte . . . dix litres.
Litre . . . . pinte . . . un décimètre cube.
Décilitre . . verre . . . dixième du litre.

*Mesures pour les matières sèches.*

Kilolitre . . . muid . . . mille litres.
Hectolitre . . setier . . . cent litres.
Décalitre . . boisseau . dix litres.
Litre . . . . litron . . . un décimètre cube.

*Mesures de pesanteur ou poids.*

Kilogramme . . livre . . poids d'un décimèt.
cube d'eau distillée

Hectogramme . once . . dixième du kilogr.
Décagramme . gros . . centième id.
Gramme . . . . denier . millième id.
Décigramme . . grain . dix millième id.

On peut compter en milliers valant mille kilog. et en quintaux valant cent kilog.

*Nota.* Lorsqu'on voudra faire usage de la nomenclature vulgaire , on fera très-bien d'ajouter le mot *métrique*, afin d'éviter toute méprise ; par exemple on dira : arpent métrique, livre métrique , etc. Dans cet ouvrage nous ferons usage de la nomenclature systématique.

# COMPTES - FAITS.



Le mètre est l'unité fondamentale de toutes les nouvelles mesures ; sa valeur est telle que quarante millions de mètres pourroient faire le tour de notre globe en passant par les poles. Cette étendue, d'après l'opération de la méridienne, est de 5022960 toises ; ce qui donne 3 pieds 11 lignes $\frac{296}{1000}$ pour la valeur du mètre.

Le myriamètre vaut 2 lieues moyennes ou 2 lieues un quart terrestres.

Le kilomètre vaut environ 513 toises, ou à-peu-près le quart d'une lieue de poste.

*Noms et valeurs des instrumens de mesurage.*

Le double décam. (chaine d'arpent) $10^{t^e}.1^{pi}.6^{po}.10^l$.
Décamètre . . . . . idem . 5 . 0 . 9 . 5.
Demi-décamètre . . 5 mètres 2 . 3 . 4 . 8 . $\frac{1}{2}$
Double mètre (régle de bois) 1 . 0 . 1 . 10 . $\frac{3}{5}$
Mètre . . . . . . . . idem . 3 . 0 . 11 . $\frac{3}{10}$
Demi-mètre . . 5 décimètres 1 . 6 . 5 . $\frac{3}{5}$
Double décim. (simple ou brisé) 7 . 4 . $\frac{2}{3}$

Lorsqu'on mesurera une étendue avec le double décamètre ou le double mètre, etc.

on aura l'attention de doubler les mesures entières, afin d'ajouter à ce double l'excédent de ces mesures.

Par exemple, soit un mur dont la longueur a été trouvé de 25 doubles mètres plus 37 centimètres. On doublera 25, et on aura 50 mètres, 37 centimètres.

Lorsqu'on mesurera avec le demi-décamètre, ou le demi-mètre, etc. on prendra au contraire la moitié du nombre des mesures entiers, en observant, toutes les fois qu'il restera une mesure, d'ajouter à l'excédent de ces mesures 5 unités de l'ordre immédiatement inférieur.

Soit, par exemple, une longueur exprimée par 37 demi-mètres plus 45 centimètres. On prendra la moitié de 37 qui est 18 pour 36, et comme il reste une mesure, on augmentera de 5 unités le chiffre 4, on aura 18 mètres, 95 centimètres.

Les autres mesures qui se trouvent tracées sur quelques-uns des instrumens ci-dessus sont :

Le décimètre dont la valeur est 3 po. 8 l. $\frac{1}{3}$
Le centimètre . . . . . . . . 4. $\frac{1}{7}$
Le millimètre . . . . . . . . 0. $\frac{4}{9}$

Le mètre et ses divisions remplacent la toise, le pied, etc. l'aune et ses fractions. Il diffère peu des $\frac{4}{5}$ d'une aune de Paris.

Pour avoir une idée générale de la disposition et de l'application de toutes les tables
contenues dans cet ouvrage , il suffira de voir
quelques exemples de conversions.

*Table I. et II. Pour la conversion des toises,
pieds , pouces , etc. en mètres.*

La première table sert à convertir les toises et les pieds en mètres, depuis un pied
jusqu'à 24 toises. Par exemple, on trouvera dans la table , que 1 toise 3 pieds valent 2 mètres 924 millimètres; que 15 toises 5 pieds valent 30 mètres 86 centimètres,
et ainsi des autres.

Si le nombre à convertir surpasse 24 toises, on fera mouvoir la virgule décimale
vers la droite. Qu'il soit question, par exemple, de convertir 189 toises 4 pieds en mètres. On avancera la virgule d'un chiffre
dans la valeur de 18 toises et on y ajoutera
celle de 9 toises 4 pieds.

*Opération :*

180 toises égalent 350 mètres 83
9 .. 4 pieds = 18 , 84
_________________________
Somme 369 mètres 67 centim.

Proposons-nous, pour second exemple, de
convertir 19413 toises en mètres.

Ici , on doit avancer la virgule de trois
chiffres dans la valeur de 19 toises ; de deux

chiffres dans celle de 4 toises et y ajouter la valeur de 13 toises.

*Opération* :

19000 toises valent 37032 $^m$.
400 . . . . . 779 , 6
13 . . . . . 25 , 3

réponse :  37936 $^m$. 9 $^{decim}$.

On opérera de la même manière pour les mesures d'une autre classe, si le nombre de ces mesures ne se trouve pas en totalité dans les tables.

La table II sert à convertir les pouces et les lignes en parties du mètre, par exemple, on trouvera sur le champ que 5 pouces 11 lignes valent 0 mètre, 160 millimètres ou simplement 16 centimètres.

Il est des cas où il faut employer les deux tables ci-dessus.

Proposons-nous par exemple, de convertir 13 toises, 5 pieds, 7 pouces, 8 lignes, en mètres.

La table I donne pour 13 $^{te}$. 5 $^{pi}$. . . . 26,962
. . . II. . . . . . . 7 $^{po}$ 8 $^l$. . . . 0 208

Somme  27,170

La réponse est 27 mètres 17 centimètres.

*Table*

*Table III. Pour la conversion des lieues ter-*
*restres, marines, moyennes et de poste*
*en myriamètres* (1).

On trouvera dans cette table que 70 lieues
terrestres valent 31 myriamètres et 1 kilomètre environ , que 18 lieues marines valent 10
myriamètres et ainsi des autres.

*Table IV. Pour la conversion des aunes et*
*fractions d'aune de Paris en mètres.*

Les aunes se trouvent en tête des colon-
nes et les fractions les plus usités de l'aune
dans chacune. On a poussé cette table jusqu'à 20 aunes.

Soient 2 aunes , 3 seizièmes à convertir en
mètres. On trouvera dans la table que 2 aunes $\frac{3}{16}$ valent 2 mètres , 60 centimètres.

On demande la valeur de 20 mètres , 40
centimètres en aunes de Paris. En cherchant
ce nombre dans la table , on trouvera 17
aunes $\frac{1}{2}$.

*Prix proportionnels.*

La toise valant 1 franc, le mètre vaudra
52 centimes au plus , l'aune de Paris valant
1 franc, le mètre vaudra 85 centimes.

---

(1) La lieue terrestre vaut environ 2280 toises ; la lieue marine 2850 toises ; la lieue moyenne
2565 toises, et la lieue de poste 2000 toises.

B

**TABLE I.** *Pour convertir les toises et les pieds, linéaires en mètres.*

| pieds | mètres | pieds | mètres | pieds | mètres |
|---|---|---|---|---|---|
| | | **4 toises** | | **8 toises** | |
| 0... | 0,000 | 0... | 7,796 | 0.. | 15,592 |
| 1... | 0,325 | 1... | 8,121 | 1.. | 15,917 |
| 2... | 0,650 | 2... | 8,446 | 2.. | 16,242 |
| 3... | 0,975 | 3... | 8,771 | 3.. | 16,567 |
| 4... | 1,299 | 4... | 9,096 | 4.. | 16,892 |
| 5... | 1,624 | 5... | 9,420 | 5.. | 17,217 |
| **1 toise** | | **5.** | | **9.** | |
| 0... | 1,949 | 0... | 9,745 | 0.. | 17,541 |
| 1... | 2,274 | 1.. | 10,070 | 1.. | 17,866 |
| 2... | 2,599 | 2.. | 10,395 | 2.. | 18,191 |
| 3... | 2,924 | 3.. | 10,720 | 3.. | 18,516 |
| 4... | 3,248 | 4.. | 11,045 | 4.. | 18,841 |
| 5... | 3,573 | 5.. | 11,369 | 5.. | 19,166 |
| **2.** | | **6.** | | **10.** | |
| 0... | 3,898 | 0.. | 11,694 | 0.. | 19,490 |
| 1... | 4,223 | 1.. | 12.019 | 1.. | 19,815 |
| 2... | 4,548 | 2.. | 12,344 | 2.. | 20,140 |
| 3... | 4,873 | 3.. | 12,669 | 3.. | 20,465 |
| 4... | 5,198 | 4.. | 12,994 | 4.. | 20,790 |
| 5... | 5,522 | 5.. | 13,318 | 5.. | 21,115 |
| **3.** | | **7.** | | **11.** | |
| 0... | 5,847 | 0.. | 13,643 | 0.. | 21,439 |
| 1... | 6,172 | 1.. | 13,968 | 1.. | 21,764 |
| 2... | 6,497 | 2.. | 14,293 | 2.. | 22,089 |
| 3... | 6,822 | 3.. | 14,618 | 3.. | 22,414 |
| 4... | 7,147 | 4.. | 14,943 | 4.. | 22,739 |
| 5... | 7,471 | 5.. | 15,268 | 5.. | 23,064 |

*Suite de la table I. Pour convertir les toises, etc. en mètres.*

| pieds | mètres | pieds | mètres | pieds | mètres |
|---|---|---|---|---|---|
| **12 toises** | | **16 toises** | | **20 toises** | |
| 0.. | 23,388 | 0.. | 31,185 | 0.. | 38,981 |
| 1.. | 23,713 | 1.. | 31,509 | 1.. | 39,306 |
| 2.. | 24,038 | 2.. | 31,834 | 2.. | 39,630 |
| 3.. | 24,363 | 3.. | 32,159 | 3.. | 39,955 |
| 4.. | 24,688 | 4.. | 32,484 | 4.. | 40,280 |
| 5.. | 25,013 | 5.. | 32,809 | 5.. | 40,605 |
| **13.** | | **17.** | | **21.** | |
| 0.. | 25,338 | 0.. | 33,134 | 0.. | 40,930 |
| 1.. | 25,662 | 1.. | 33,459 | 1.. | 41,255 |
| 2.. | 25,987 | 2.. | 33,783 | 2.. | 41,580 |
| 3.. | 26,312 | 3.. | 34,108 | 3.. | 41,904 |
| 4.. | 26,637 | 4.. | 34,433 | 4.. | 42,229 |
| 5.. | 26,962 | 5.. | 34,758 | 5.. | 42,554 |
| **14.** | | **18.** | | **22.** | |
| 0.. | 27,287 | 0.. | 35,083 | 0.. | 42,879 |
| 1.. | 27,611 | 1.. | 35,408 | 1.. | 43,204 |
| 2.. | 27,936 | 2.. | 35,732 | 2.. | 43,529 |
| 3.. | 28,261 | 3.. | 36,057 | 3.. | 43,853 |
| 4.. | 28,586 | 4.. | 36,382 | 4.. | 44,178 |
| 5.. | 28,911 | 5.. | 36,707 | 5.. | 44,503 |
| **15.** | | **19.** | | **23.** | |
| 0.. | 29,236 | 0.. | 37,032 | 0.. | 44,828 |
| 1.. | 29,560 | 1.. | 37,357 | 1.. | 45,153 |
| 2.. | 29,885 | 2.. | 37,681 | 2.. | 45,478 |
| 3.. | 30,210 | 3.. | 38,006 | 3.. | 45,802 |
| 4.. | 30,535 | 4.. | 38,331 | 4.. | 46,127 |
| 5.. | 30,860 | 5.. | 38,656 | 5.. | 46,452 |

## TABLE II. *Pour convertir les pouces et les lignes, en partie du mètre.*

| lignes. | mètre | lignes. | mètre | lignes. | mètre |
|---|---|---|---|---|---|
| | | **2 pouces** | | **4 pouces** | |
| 0 . . | 0,000 | 0 . . | 0,054 | 0 . . | 0,108 |
| 1 . . | 0,002 | 1 . . | 0,056 | 1 . . | 0,111 |
| 2 . . | 0,005 | 2 . . | 0,059 | 2 . . | 0,113 |
| 3 . . | 0,007 | 3 . . | 0,061 | 3 . . | 0,115 |
| 4 . . | 0,009 | 4 . . | 0,063 | 4 . . | 0,117 |
| 5 . . | 0,011 | 5 . . | 0,065 | 5 . . | 0,120 |
| 6 . . | 0,014 | 6 . . | 0,068 | 6 . . | 0,122 |
| 7 . . | 0,016 | 7 . . | 0,070 | 7 . . | 0,124 |
| 8 . . | 0,018 | 8 . . | 0,072 | 8 . . | 0,126 |
| 9 . . | 0,020 | 9 . . | 0,074 | 9 . . | 0,129 |
| 10 . . | 0,023 | 10 . . | 0,077 | 10 . . | 0,131 |
| 11 . . | 0,025 | 11 . . | 0,079 | 11 . . | 0,133 |
| **1 pouce** | | **3.** | | **5.** | |
| 0 . . | 0,027 | 0 . . | 0,081 | 0 . . | 0,135 |
| 1 . . | 0,029 | 1 . . | 0,083 | 1 . . | 0,138 |
| 2 . . | 0,032 | 2 . . | 0,086 | 2 . . | 0,140 |
| 3 . . | 0,034 | 3 . . | 0,088 | 3 . . | 0,142 |
| 4 . . | 0,036 | 4 . . | 0,090 | 4 . . | 0,144 |
| 5 . . | 0,038 | 5 . . | 0,093 | 5 . . | 0,147 |
| 6 . . | 0,041 | 6 . . | 0,095 | 6 . . | 0,149 |
| 7 . . | 0,043 | 7 . . | 0,097 | 7 . . | 0,151 |
| 8 . . | 0,045 | 8 . . | 0,099 | 8 . . | 0,153 |
| 9 . . | 0,047 | 9 . . | 0,102 | 9 . . | 0,156 |
| 10 . . | 0,050 | 10 . . | 0,104 | 10 . . | 0,158 |
| 11 . . | 0,052 | 11 . . | 0,106 | 11 . . | 0,160 |

*Suite de la table II. Pour convertir les pouces, etc.*
*en parties du mètre.*

| lignes. | mètre | lignes. | mètre | lignes. | mètre |
|---|---|---|---|---|---|
| 6 pouces | | 8 pouces | | 10 pouces | |
| 0 . . 0,162 | | 0 . . 0,217 | | 0 . . 0,271 | |
| 1 . . 0,165 | | 1 . . 0,219 | | 1 . . 0,273 | |
| 2 . . 0,167 | | 2 . . 0,221 | | 2 . . 0,275 | |
| 3 . . 0,169 | | 3 . . 0,223 | | 3 . . 0,278 | |
| 4 . . 0,171 | | 4 . . 0,226 | | 4 . . 0,280 | |
| 5 . . 0,174 | | 5 . . 0,228 | | 5 . . 0,282 | |
| 6 . . 0,176 | | 6 . . 0,230 | | 6 . . 0,284 | |
| 7 . . 0,178 | | 7 . . 0,232 | | 7 . . 0,287 | |
| 8 . . 0,180 | | 8 . . 0,235 | | 8 . . 0.289 | |
| 9 . . 0,183 | | 9 . . 0,237 | | 9 . . 0,291 | |
| 10 . . 0,185 | | 10 . . 0,239 | | 10 . . 0,293 | |
| 11 . . 0,187 | | 11 . . 0,241 | | 11 . . 0,296 | |
| 7. | | 9. | | 11. | |
| 0 . . 0,190 | | 0 . . 0,244 | | 0 . . 0,298 | |
| 1 . . 0,192 | | 1 . . 0,246 | | 1 . . 0,300 | |
| 2 . . 0,194 | | 2 . . 0,248 | | 2 . . 0,302 | |
| 3 . . 0,196 | | 3 . . 0,250 | | 3 . . 0,305 | |
| 4 . . 0,199 | | 4 . . 0,253 | | 4 . . 0,307 | |
| 5 . . 0,201 | | 5 . . 0,255 | | 5 . . 0,309 | |
| 6 . . 0,203 | | 6 . . 0,257 | | 6 . . 0,311 | |
| 7 . . 0,205 | | 7 . . 0,259 | | 7 . . 0,314 | |
| 8 . . 0,208 | | 8 . . 0,262 | | 8 . . 0,316 | |
| 9 . . 0,210 | | 9 . . 0,264 | | 9 . . 0,318 | |
| 10 . . 0,212 | | 10 . . 0,266 | | 10 . . 0,320 | |
| 11 . . 0,214 | | 11 . . 0,268 | | 11 . . 0,323 | |

**TABLE III.** *Pour convertir les lieues terrestres marines , moyennes et de poste , en myriam.*

| lieues terrest. | myria- métr. | lieues mar. | myria- mètres. | lieues moyen. | myria- métr. | lieues poste | de my- riam. |
|---|---|---|---|---|---|---|---|
| 1.. | 0,44 | 1... | 0,56 | 1.. | 0,5 | 1.. | 0,39 |
| 2.. | 0,89 | 2... | 1,11 | 2.. | 1,0 | 2.. | 0,78 |
| 3.. | 1,33 | 3... | 1,67 | 3.. | 1,5 | 3.. | 1,17 |
| 4.. | 1,78 | 4... | 2,22 | 4.. | 2,0 | 4.. | 1,56 |
| 5.. | 2,22 | 5... | 2,78 | 5.. | 2,5 | 5.. | 1,95 |
| 6.. | 2,67 | 6... | 3,33 | 6.. | 3,0 | 6.. | 2,34 |
| 7.. | 3,11 | 7... | 3,89 | 7... | 3,5 | 7.. | 2,73 |
| 8.. | 3,56 | 8... | 4,44 | 8.. | 4,0 | 8.. | 3,12 |
| 9.. | 4,00 | 9... | 5,00 | 9.. | 4,5 | 9.. | 3,51 |
| 10.. | 4,44 | 10... | 5,56 | 10.. | 5,0 | 10.. | 3,90 |
| 11.. | 4,89 | 11... | 6,11 | 11.. | 5,5 | 11.. | 4,29 |
| 12.. | 5,33 | 12... | 6,67 | 12.. | 6,0 | 12.. | 4,68 |
| 13.. | 5,78 | 13... | 7,22 | 13.. | 6,5 | 13.. | 5,07 |
| 14.. | 6,22 | 14... | 7,78 | 14.. | 7,0 | 14.. | 5,46 |
| 15.. | 6,67 | 15... | 8,33 | 15.. | 7,5 | 15.. | 5,85 |
| 16.. | 7,11 | 16... | 8,89 | 16.. | 8,0 | 16.. | 6,24 |
| 17.. | 7,56 | 17... | 9,44 | 17.. | 8,5 | 17.. | 6,63 |
| 18.. | 8,00 | 18...1 | 0,00 | 18.. | 9,0 | 18.. | 7,02 |
| 19.. | 8,44 | 19...1 | 0,56 | 19.. | 9,5 | 19.. | 7,41 |
| 20.. | 8,89 | 20...1 | 1,11 | 20.. | 10,0 | 20.. | 7,80 |
| 30..1 | 3,33 | 30...1 | 6,67 | 30.. | 15,0 | 30..1 | 1,69 |
| 40..1 | 7,78 | 40...2 | 2,22 | 40.. | 20,0 | 40..1 | 5,59 |
| 50..2 | 2,22 | 50...2 | 7,78 | 50.. | 25,0 | 50..1 | 9,49 |
| 60..2 | 6,67 | 60...3 | 3,33 | 60.. | 30,0 | 60..2 | 3,39 |
| 70..3 | 1,11 | 70...3 | 8,89 | 70.. | 35,0 | 70..2 | 7,29 |
| 80..3 | 5,56 | 80...4 | 4,44 | 80.. | 40,0 | 80..3 | 1,18 |
| 90..4 | 0,00 | 90...5 | 0,00 | 90.. | 45,0 | 90..3 | 5,08 |
| 100..4 | 4,44 | 100...5 | 5,56 | 100.. | 50,0 | 100..3 | 8,98 |
| 200..8 | 8,89 | 200..11 | 1,11 | 200..1 | 00,0 | 200..7 | 7,96 |

## TABLE IV. *Pour convertir les aunes et fractions d'aune de Paris, en mètres.*

| fractions. | mètres | fractions. | mètr. (1 aune) | fractions. | mètr. (2 aunes.) | fractions. | mètr. (3 aunes.) |
|---|---|---|---|---|---|---|---|
| 0 | 0,000 | 0 | 1,188 | 0 | 2,377 | 0 | 3,565 |
| $\frac{1}{16}$ | 0,074 | $\frac{1}{16}$ | 1,263 | $\frac{1}{16}$ | 2,451 | $\frac{1}{16}$ | 3,640 |
| $\frac{1}{12}$ | 0,099 | $\frac{1}{12}$ | 1,287 | $\frac{1}{12}$ | 2,476 | $\frac{1}{12}$ | 3,664 |
| $\frac{1}{8}$ | 0,149 | $\frac{1}{8}$ | 1,337 | $\frac{1}{8}$ | 2,526 | $\frac{1}{8}$ | 3,714 |
| $\frac{1}{6}$ | 0,198 | $\frac{1}{6}$ | 1,387 | $\frac{1}{6}$ | 2,575 | $\frac{1}{6}$ | 3,763 |
| $\frac{3}{16}$ | 0,223 | $\frac{3}{16}$ | 1,411 | $\frac{3}{16}$ | 2,600 | $\frac{3}{16}$ | 3,788 |
| $\frac{1}{4}$ | 0,297 | $\frac{1}{4}$ | 1,486 | $\frac{1}{4}$ | 2,674 | $\frac{1}{4}$ | 3,862 |
| $\frac{5}{16}$ | 0,371 | $\frac{5}{16}$ | 1,560 | $\frac{5}{16}$ | 2,748 | $\frac{5}{16}$ | 3,937 |
| $\frac{1}{3}$ | 0,396 | $\frac{1}{3}$ | 1,585 | $\frac{1}{3}$ | 2,773 | $\frac{1}{3}$ | 3,961 |
| $\frac{3}{8}$ | 0,446 | $\frac{3}{8}$ | 1,634 | $\frac{3}{8}$ | 2,823 | $\frac{3}{8}$ | 4,011 |
| $\frac{5}{12}$ | 0,495 | $\frac{5}{12}$ | 1,684 | $\frac{5}{12}$ | 2,872 | $\frac{5}{12}$ | 4,061 |
| $\frac{7}{16}$ | 0,520 | $\frac{7}{16}$ | 1,708 | $\frac{7}{16}$ | 2,897 | $\frac{7}{16}$ | 4,085 |
| $\frac{1}{2}$ | 0,594 | $\frac{1}{2}$ | 1,783 | $\frac{1}{2}$ | 2,971 | $\frac{1}{2}$ | 4,160 |
| $\frac{9}{16}$ | 0,669 | $\frac{9}{16}$ | 1,857 | $\frac{9}{16}$ | 2,045 | $\frac{9}{16}$ | 4,234 |
| $\frac{7}{12}$ | 0,693 | $\frac{7}{12}$ | 1,882 | $\frac{7}{12}$ | 3,070 | $\frac{7}{12}$ | 4,259 |
| $\frac{5}{8}$ | 0,743 | $\frac{5}{8}$ | 1,931 | $\frac{5}{8}$ | 3,120 | $\frac{5}{8}$ | 4,308 |
| $\frac{2}{3}$ | 0,792 | $\frac{2}{3}$ | 1,981 | $\frac{2}{3}$ | 3,169 | $\frac{2}{3}$ | 4,358 |
| $\frac{11}{16}$ | 0,817 | $\frac{11}{16}$ | 2,006 | $\frac{11}{16}$ | 3,194 | $\frac{11}{16}$ | 4,382 |
| $\frac{3}{4}$ | 0,891 | $\frac{3}{4}$ | 2,080 | $\frac{3}{4}$ | 3,268 | $\frac{3}{4}$ | 4,457 |
| $\frac{13}{16}$ | 0,966 | $\frac{13}{16}$ | 2,154 | $\frac{13}{16}$ | 3,343 | $\frac{13}{16}$ | 4,531 |
| $\frac{5}{6}$ | 0,990 | $\frac{5}{6}$ | 2,179 | $\frac{5}{6}$ | 3,367 | $\frac{5}{6}$ | 4,556 |
| $\frac{7}{8}$ | 1,040 | $\frac{7}{8}$ | 2,228 | $\frac{7}{8}$ | 3,417 | $\frac{7}{8}$ | 4,605 |
| $\frac{11}{12}$ | 1,089 | $\frac{11}{12}$ | 2,278 | $\frac{11}{12}$ | 3,466 | $\frac{11}{12}$ | 4,655 |
| $\frac{15}{16}$ | 1,114 | $\frac{15}{16}$ | 2,303 | $\frac{15}{16}$ | 3,491 | $\frac{15}{16}$ | 4,680 |

*Suite de la table IV. Pour convertir les aunes, etc. en mètres.*

| fractions. | mètr. | fractions. | mètr. | fractions. | mètr. | fractions. | mètr. |
|---|---|---|---|---|---|---|---|
| **4 aunes** | | **5 aunes** | | **6 aunes** | | **7 aunes** | |
| 0 | 4,754 | 0 | 5,942 | 0 | 7,131 | 0 | 8,319 |
| $\frac{1}{16}$ | 4,828 | $\frac{1}{16}$ | 6,017 | $\frac{1}{16}$ | 7,205 | $\frac{1}{16}$ | 8,393 |
| $\frac{1}{12}$ | 4,853 | $\frac{1}{12}$ | 6,041 | $\frac{1}{12}$ | 7,230 | $\frac{1}{12}$ | 8,418 |
| $\frac{1}{8}$ | 4,902 | $\frac{1}{8}$ | 6,091 | $\frac{1}{8}$ | 7,279 | $\frac{1}{8}$ | 8,468 |
| $\frac{1}{6}$ | 4,952 | $\frac{1}{6}$ | 6,140 | $\frac{1}{6}$ | 7,329 | $\frac{1}{6}$ | 8,517 |
| $\frac{3}{16}$ | 4,977 | $\frac{3}{16}$ | 6,165 | $\frac{3}{16}$ | 7,354 | $\frac{3}{16}$ | 8,542 |
| $\frac{1}{4}$ | 5,051 | $\frac{1}{4}$ | 6,239 | $\frac{1}{4}$ | 7,428 | $\frac{1}{4}$ | 8,616 |
| $\frac{5}{16}$ | 5,125 | $\frac{5}{16}$ | 6,314 | $\frac{5}{16}$ | 7,502 | $\frac{5}{16}$ | 8,691 |
| $\frac{1}{3}$ | 5,150 | $\frac{1}{3}$ | 6,338 | $\frac{1}{3}$ | 7,527 | $\frac{1}{3}$ | 8,715 |
| $\frac{3}{8}$ | 5,200 | $\frac{3}{8}$ | 6,388 | $\frac{3}{8}$ | 7,576 | $\frac{3}{8}$ | 8,765 |
| $\frac{5}{12}$ | 5,249 | $\frac{5}{12}$ | 6,437 | $\frac{5}{12}$ | 7,626 | $\frac{5}{12}$ | 8,814 |
| $\frac{7}{16}$ | 5,274 | $\frac{7}{16}$ | 6,462 | $\frac{7}{16}$ | 7,651 | $\frac{7}{16}$ | 8,839 |
| $\frac{1}{2}$ | 5,348 | $\frac{1}{2}$ | 6,536 | $\frac{1}{2}$ | 7,725 | $\frac{1}{2}$ | 8,913 |
| $\frac{9}{16}$ | 5,422 | $\frac{9}{16}$ | 6,611 | $\frac{9}{16}$ | 7,799 | $\frac{9}{16}$ | 8,988 |
| $\frac{7}{12}$ | 5,447 | $\frac{7}{12}$ | 6,636 | $\frac{7}{12}$ | 7,824 | $\frac{7}{12}$ | 9,012 |
| $\frac{5}{8}$ | 5,497 | $\frac{5}{8}$ | 6,685 | $\frac{5}{8}$ | 7,874 | $\frac{5}{8}$ | 9,062 |
| $\frac{2}{3}$ | 5,546 | $\frac{2}{3}$ | 6,735 | $\frac{2}{3}$ | 7,923 | $\frac{2}{3}$ | 9,111 |
| $\frac{11}{16}$ | 5,571 | $\frac{11}{16}$ | 6,759 | $\frac{11}{16}$ | 7,948 | $\frac{11}{16}$ | 9,136 |
| $\frac{3}{4}$ | 5,645 | $\frac{3}{4}$ | 6,834 | $\frac{3}{4}$ | 8,022 | $\frac{3}{4}$ | 9,210 |
| $\frac{13}{16}$ | 5,719 | $\frac{13}{16}$ | 6,908 | $\frac{13}{16}$ | 8,096 | $\frac{13}{16}$ | 9,285 |
| $\frac{5}{8}$ | 5,744 | $\frac{5}{8}$ | 6,933 | $\frac{5}{8}$ | 8,121 | $\frac{5}{8}$ | 9,310 |
| $\frac{7}{8}$ | 5,794 | $\frac{7}{8}$ | 6,982 | $\frac{7}{8}$ | 8,171 | $\frac{7}{8}$ | 9,359 |
| $\frac{11}{12}$ | 5,843 | $\frac{11}{12}$ | 7,032 | $\frac{11}{12}$ | 8,220 | $\frac{11}{12}$ | 9,409 |
| $\frac{15}{16}$ | 5,868 | $\frac{15}{16}$ | 7,056 | $\frac{15}{16}$ | 8,245 | $\frac{15}{16}$ | 9,433 |

*Suite de la table IV. Pour convertir les aunes, etc. en mètres.*

| fractions. | mètr. | fractions. | mètr. | fractions. | mètr. | fractions. | mètr. |
|---|---|---|---|---|---|---|---|
| 8 aunes | | 9 aunes | | 10 aunes | | 11 aunes | |
| 0 | 9,508 | 0 | 10,696 | 0 | 11,884 | 0 | 13,073 |
| $\frac{1}{16}$ | 9,582 | $\frac{1}{16}$ | 10,770 | $\frac{1}{16}$ | 11,959 | $\frac{1}{16}$ | 13,147 |
| $\frac{1}{12}$ | 9,607 | $\frac{1}{12}$ | 10,795 | $\frac{1}{12}$ | 11,984 | $\frac{1}{12}$ | 13,172 |
| $\frac{1}{8}$ | 9,656 | $\frac{1}{8}$ | 10,845 | $\frac{1}{8}$ | 12,033 | $\frac{1}{8}$ | 13,222 |
| $\frac{1}{6}$ | 9,705 | $\frac{1}{6}$ | 10,894 | $\frac{1}{6}$ | 12,083 | $\frac{1}{6}$ | 13,271 |
| $\frac{3}{16}$ | 9,730 | $\frac{3}{16}$ | 10,918 | $\frac{3}{16}$ | 12,107 | $\frac{3}{16}$ | 13,296 |
| $\frac{1}{4}$ | 9,805 | $\frac{1}{4}$ | 10,993 | $\frac{1}{4}$ | 12,182 | $\frac{1}{4}$ | 13,370 |
| $\frac{5}{16}$ | 9,879 | $\frac{5}{16}$ | 11,067 | $\frac{5}{16}$ | 12,256 | $\frac{5}{16}$ | 13,444 |
| $\frac{1}{3}$ | 9,904 | $\frac{1}{3}$ | 11,092 | $\frac{1}{3}$ | 12,281 | $\frac{1}{3}$ | 13,469 |
| $\frac{3}{8}$ | 9,953 | $\frac{3}{8}$ | 11,142 | $\frac{3}{8}$ | 12,330 | $\frac{3}{8}$ | 13,519 |
| $\frac{5}{12}$ | 10,003 | $\frac{5}{12}$ | 11,191 | $\frac{5}{12}$ | 12,380 | $\frac{5}{12}$ | 13,568 |
| $\frac{7}{16}$ | 10,028 | $\frac{7}{16}$ | 11,216 | $\frac{7}{16}$ | 12,404 | $\frac{7}{16}$ | 13,593 |
| $\frac{1}{2}$ | 10,109 | $\frac{1}{2}$ | 11,290 | $\frac{1}{2}$ | 12,479 | $\frac{1}{2}$ | 13,667 |
| $\frac{9}{16}$ | 10,176 | $\frac{9}{16}$ | 11,365 | $\frac{9}{16}$ | 12,553 | $\frac{9}{16}$ | 13,741 |
| $\frac{7}{12}$ | 10,201 | $\frac{7}{12}$ | 11,389 | $\frac{7}{12}$ | 12,578 | $\frac{7}{12}$ | 13,766 |
| $\frac{5}{8}$ | 10,250 | $\frac{5}{8}$ | 11,439 | $\frac{5}{8}$ | 12,627 | $\frac{5}{8}$ | 13,816 |
| $\frac{2}{3}$ | 10,300 | $\frac{2}{3}$ | 11,488 | $\frac{2}{3}$ | 12,677 | $\frac{2}{3}$ | 13,865 |
| $\frac{11}{16}$ | 10,325 | $\frac{11}{16}$ | 11,513 | $\frac{11}{16}$ | 12,702 | $\frac{11}{16}$ | 13,890 |
| $\frac{3}{4}$ | 10,399 | $\frac{3}{4}$ | 11,587 | $\frac{3}{4}$ | 12,776 | $\frac{3}{4}$ | 13,964 |
| $\frac{13}{16}$ | 10,473 | $\frac{13}{16}$ | 11,662 | $\frac{13}{16}$ | 12,850 | $\frac{13}{16}$ | 14,039 |
| $\frac{5}{6}$ | 10,498 | $\frac{5}{6}$ | 11,686 | $\frac{5}{6}$ | 12,875 | $\frac{5}{6}$ | 14,063 |
| $\frac{7}{8}$ | 10,548 | $\frac{7}{8}$ | 11,736 | $\frac{7}{8}$ | 12,924 | $\frac{7}{8}$ | 14,113 |
| $\frac{11}{12}$ | 10,597 | $\frac{11}{12}$ | 11,785 | $\frac{11}{12}$ | 12,974 | $\frac{11}{12}$ | 14,162 |
| $\frac{15}{16}$ | 10,622 | $\frac{15}{16}$ | 11,810 | $\frac{15}{16}$ | 12,999 | $\frac{15}{16}$ | 14,187 |

*Suite de la table I.* *Pour convertir les aunes , etc. en mètres.*

| fractions. | mètr. | fractions. | mètr. | fractions. | mètr. | fractions. | mètr. |
|---|---|---|---|---|---|---|---|
| 12 aunes | | 13 aunes | | 14 aunes | | 15 aunes | |
| 0 | 14,261 | 0 | 15,450 | 0 | 16,638 | 0 | 17,827 |
| $\frac{1}{16}$ | 14,336 | $\frac{1}{16}$ | 15,504 | $\frac{1}{16}$ | 16,713 | $\frac{1}{16}$ | 17,901 |
| $\frac{1}{12}$ | 14,360 | $\frac{1}{12}$ | 15,549 | $\frac{1}{12}$ | 16,737 | $\frac{1}{12}$ | 17,926 |
| $\frac{1}{8}$ | 14,410 | $\frac{1}{8}$ | 15,598 | $\frac{1}{8}$ | 16,787 | $\frac{1}{8}$ | 17,975 |
| $\frac{1}{6}$ | 14,460 | $\frac{1}{6}$ | 15,648 | $\frac{1}{6}$ | 16,836 | $\frac{1}{6}$ | 18,025 |
| $\frac{3}{16}$ | 14,484 | $\frac{3}{16}$ | 15,673 | $\frac{3}{16}$ | 16,861 | $\frac{3}{16}$ | 18,050 |
| $\frac{1}{4}$ | 14,559 | $\frac{1}{4}$ | 15,747 | $\frac{1}{4}$ | 16,935 | $\frac{1}{4}$ | 18,124 |
| $\frac{5}{16}$ | 14,633 | $\frac{5}{16}$ | 15,821 | $\frac{5}{16}$ | 17,010 | $\frac{5}{16}$ | 18,198 |
| $\frac{1}{3}$ | 14,658 | $\frac{1}{3}$ | 15,846 | $\frac{1}{3}$ | 17,034 | $\frac{1}{3}$ | 18,223 |
| $\frac{3}{8}$ | 14,707 | $\frac{3}{8}$ | 15,896 | $\frac{3}{8}$ | 17,084 | $\frac{3}{8}$ | 18,272 |
| $\frac{5}{12}$ | 14,757 | $\frac{5}{12}$ | 15,945 | $\frac{5}{12}$ | 17,133 | $\frac{5}{12}$ | 18,322 |
| $\frac{7}{16}$ | 14,781 | $\frac{7}{16}$ | 15,970 | $\frac{7}{16}$ | 17,158 | $\frac{7}{16}$ | 18,347 |
| $\frac{1}{2}$ | 14,856 | $\frac{1}{2}$ | 16,044 | $\frac{1}{2}$ | 17,232 | $\frac{1}{2}$ | 18,421 |
| $\frac{9}{16}$ | 14,930 | $\frac{9}{16}$ | 16,118 | $\frac{9}{16}$ | 17,307 | $\frac{9}{16}$ | 18,495 |
| $\frac{7}{12}$ | 14,955 | $\frac{7}{12}$ | 16,143 | $\frac{7}{12}$ | 17,332 | $\frac{7}{12}$ | 18,520 |
| $\frac{5}{8}$ | 15,004 | $\frac{5}{8}$ | 16,193 | $\frac{5}{8}$ | 17,381 | $\frac{5}{8}$ | 18,570 |
| $\frac{2}{3}$ | 15,054 | $\frac{2}{3}$ | 16,242 | $\frac{2}{3}$ | 17,431 | $\frac{2}{3}$ | 18,619 |
| $\frac{11}{16}$ | 15,079 | $\frac{11}{16}$ | 16,267 | $\frac{11}{16}$ | 17,455 | $\frac{11}{16}$ | 18,644 |
| $\frac{3}{4}$ | 15,153 | $\frac{3}{4}$ | 16,311 | $\frac{3}{4}$ | 17,530 | $\frac{3}{4}$ | 18,718 |
| $\frac{13}{16}$ | 15,227 | $\frac{13}{16}$ | 16,415 | $\frac{13}{16}$ | 17,604 | $\frac{13}{16}$ | 18,792 |
| $\frac{5}{6}$ | 15,252 | $\frac{5}{6}$ | 16,440 | $\frac{5}{6}$ | 17,629 | $\frac{5}{6}$ | 18,817 |
| $\frac{7}{8}$ | 15,301 | $\frac{7}{8}$ | 16,490 | $\frac{7}{8}$ | 17,678 | $\frac{7}{8}$ | 18,867 |
| $\frac{11}{12}$ | 15,351 | $\frac{11}{12}$ | 16,539 | $\frac{11}{12}$ | 17,728 | $\frac{11}{12}$ | 18,916 |
| $\frac{15}{16}$ | 15,376 | $\frac{15}{16}$ | 16,564 | $\frac{15}{16}$ | 17,752 | $\frac{15}{16}$ | 18,941 |

*Suite de la table IV. Pour convertir les aunes, etc. en mètres.*

| fractions. | mètr. | fractions. | mètr. | fractions. | mètr. | fractions. | mètr. |
|---|---|---|---|---|---|---|---|
| **16 aunes** | | **17 aunes** | | **18 aunes** | | **19 aunes** | |
| 0 | 19,015 | 0 | 20,204 | 0 | 21,392 | 0 | 22,580 |
| $\frac{1}{16}$ | 19,089 | $\frac{1}{16}$ | 20,278 | $\frac{1}{16}$ | 21,466 | $\frac{1}{16}$ | 22,655 |
| $\frac{1}{12}$ | 19,114 | $\frac{1}{12}$ | 20,303 | $\frac{1}{12}$ | 21,491 | $\frac{1}{12}$ | 22,600 |
| $\frac{1}{8}$ | 19,164 | $\frac{1}{8}$ | 20,352 | $\frac{1}{8}$ | 21,541 | $\frac{1}{8}$ | 22,729 |
| $\frac{1}{6}$ | 19,213 | $\frac{1}{6}$ | 20,402 | $\frac{1}{6}$ | 21,590 | $\frac{1}{6}$ | 22,779 |
| $\frac{3}{16}$ | 19,238 | $\frac{3}{16}$ | 20,426 | $\frac{3}{16}$ | 21,615 | $\frac{3}{16}$ | 22,803 |
| $\frac{1}{4}$ | 19,312 | $\frac{1}{4}$ | 20,501 | $\frac{1}{4}$ | 21,689 | $\frac{1}{4}$ | 22,878 |
| $\frac{5}{16}$ | 19,387 | $\frac{5}{16}$ | 20,575 | $\frac{5}{16}$ | 21,763 | $\frac{5}{16}$ | 22,952 |
| $\frac{1}{3}$ | 19,411 | $\frac{1}{3}$ | 20,600 | $\frac{1}{3}$ | 21,788 | $\frac{1}{3}$ | 22,977 |
| $\frac{3}{8}$ | 19,461 | $\frac{3}{8}$ | 20,649 | $\frac{3}{8}$ | 21,838 | $\frac{3}{8}$ | 23,026 |
| $\frac{5}{12}$ | 19,510 | $\frac{5}{12}$ | 20,699 | $\frac{5}{12}$ | 21,887 | $\frac{5}{12}$ | 23,076 |
| $\frac{7}{16}$ | 19,535 | $\frac{7}{16}$ | 20,724 | $\frac{7}{16}$ | 21,912 | $\frac{7}{16}$ | 23,100 |
| $\frac{1}{2}$ | 19,609 | $\frac{1}{2}$ | 20,798 | $\frac{1}{2}$ | 21,986 | $\frac{1}{2}$ | 23,175 |
| $\frac{9}{16}$ | 19,684 | $\frac{9}{16}$ | 20,872 | $\frac{9}{16}$ | 22,061 | $\frac{9}{16}$ | 23,249 |
| $\frac{7}{12}$ | 19,708 | $\frac{7}{12}$ | 20,897 | $\frac{7}{12}$ | 22,085 | $\frac{7}{12}$ | 23,274 |
| $\frac{5}{8}$ | 19,758 | $\frac{5}{8}$ | 20,946 | $\frac{5}{8}$ | 22,135 | $\frac{5}{8}$ | 23,323 |
| $\frac{2}{3}$ | 19,807 | $\frac{2}{3}$ | 20,996 | $\frac{2}{3}$ | 22,184 | $\frac{2}{3}$ | 23,373 |
| $\frac{11}{16}$ | 19,832 | $\frac{11}{16}$ | 21,021 | $\frac{11}{16}$ | 22,209 | $\frac{11}{16}$ | 23,398 |
| $\frac{3}{4}$ | 19,906 | $\frac{3}{4}$ | 21,095 | $\frac{3}{4}$ | 22,283 | $\frac{3}{4}$ | 23,472 |
| $\frac{13}{16}$ | 19,981 | $\frac{13}{16}$ | 21,169 | $\frac{13}{16}$ | 22,358 | $\frac{13}{16}$ | 23,546 |
| $\frac{5}{6}$ | 20,006 | $\frac{5}{6}$ | 21,194 | $\frac{5}{6}$ | 22,382 | $\frac{5}{6}$ | 23,571 |
| $\frac{7}{8}$ | 20,055 | $\frac{7}{8}$ | 21,244 | $\frac{7}{8}$ | 22,432 | $\frac{7}{8}$ | 23,620 |
| $\frac{11}{12}$ | 20,105 | $\frac{11}{12}$ | 21,293 | $\frac{11}{12}$ | 22,481 | $\frac{11}{12}$ | 23,670 |
| $\frac{15}{16}$ | 20,129 | $\frac{15}{16}$ | 21,318 | $\frac{15}{16}$ | 22,506 | $\frac{15}{16}$ | 23,695 |

### Des mesures de superficies.

Le myriamètre quarré est une surface de dix mille mètres de longueur sur autant de largeur, ou de 100 kilomètres quarrés. Sa valeur diffère peu de 5 lieues quarrées terrestres.

Le kilomètre quarré est une surface de mille mètres de longueur sur autant de largeur. Sa valeur est d'environ un vingtième de lieue quarrée terrestre, ou de 196 arpents (eaux et forêts).

L'hectomètre q. prend le nom d'hectare, il contient 10000 mètres q. ou 100 ares. Sa valeur est d'environ 2632 toises q. qui équivalent à-peu-près à 1 arpent 96 perches q. (eaux et forêts), ou à 2 arpents 92 perches q. (de Paris).

Le décamètre q. prend le nom d'are, il contient 100 mètres q. ou 100 centiares. Sa valeur est d'environ 948 pieds q. qui diffère peu de 2 perches q. (eaux et forêts) ou de 3 perches q. (de Paris).

Le mètre q. prend le nom de centiare, lorsqu'il exprime une mesure agraire, il contient 100 décimètres q. Sa valeur est à-peu-près le quart d'une toise q. ou plus exactement 9 pieds $\frac{1}{2}$ quarrés.

Le décimètre q. contient 100 centimètres q. il vaut 13 pouces $\frac{2}{3}$ quarrés.

Le

Le centimètre q. contient 100 millimètres q. il vaut 19 lig. $\frac{2}{3}$ quarrés. Enfin, le millimètre q. équivaut à $\frac{1}{5}$ de lig. q.

### *Prix proportionnels.*

Lorsque l'arpent ( eaux et forêts ) est évalué 1000 francs, l'hectare vaut 1958 francs.

Si l'arpent de Paris est évalué 1000 francs, l'hectare vaut 2925 francs. Il en est de même du prix de l'are par rapport à celui de la perche q.

Le prix du mètre q. diffère peu du quart du prix de la toise q. ou plus exactement, lorsque le prix de la toise q. est 1 franc, celui du mètre q. ne peut excéder 0 francs, 27 centimes.

*Table V et VI, pour la conversion des toises q. toise-pieds, toise-pouces, etc. en mètres q. et parties du mètre q.*

Proposons-nous de convertir 823 toises q. 4 toise-pieds en mètres q.

La table V donne :

pour 800 tois. q. . . . 3039, <sup>metr.</sup> q. 00
pour 23 tois. q. 4 toi. 89 , . . . . . 90

Somme . . 3128 , <sup>metr.</sup> q. 93 <sup>decim.</sup> q.

Si cette surface est celle d'un terrein, on l'énoncera par 31 ares, 29 centiares.

Veut-on convertir 13 toises q. 2 toise-pieds, 10 toise-pouces, 11 toise-lig. en mètres q. ?

C

La table V donne pour 13^t.q 2^t.pi. .. 5c^m.q 65o
La tab. VI donne pour 1c^t.p°11^t.li. .. o , 576
_______________________

somme 51 , 226

La réponse est 51 mètres q. et environ 23 décimètres q. que l'on peut énoncer par 51 mètres q. 23 centièmes de mètre q.

*Table VII, pour la conversion des arpents ( eaux et foréts ) en hectares , ou pour convertir les perches q. (eaux et foréts) en ares.*

Si l'on veut évaluer , par exemple, 95 arpents en hectares , on cherchera ce nombre dans la table , et l'on trouvera sur le champ , 48 hectares , 51 ares et 84 centiares.

Veut-on convertir 43 arpents et 68 perches q. en hectares?

On trouvera pour 43 arpents ... 21^hect. 96^ares
et pour 68 perches q. .......35 .
_______________________

réponse... 22^hect. 31^ares

Lorsqu'on aura des arpents ou des perches q. de Paris , à convertir en hectares ou en ares , on procédera de la même manière avec la table VIII.

*Table IX, pour convertir les lieues q. terrestres en myriamètres q.*

On suppose qu'un département renferme

53r lieues q. On demande ce qu'il doit contenir en myriamètres q.

$$500 \text{ lieues q. valent } 98^{\text{myriam.}} \text{ q. } 765$$
$$31 \text{ idem} \ldots \ldots \ldots \quad 6 \quad . \quad 123$$
$$\text{somme} \ldots 104 \quad . \quad 888$$

Ainsi, 53r lieues q. valent 104 myriamètres q. et environ 89 kilomètres q.

Observation.

Les mesures anciennes sont si variées en
France, qu'il nous est impossible d'en donner dans cet ouvrage les noms et les valeurs
en mesures nouvelles. Nous nous contente-
rons d'indiquer les tables auxquelles il
faut avoir recours pour trouver, d'après cer-
taines données, la valeur d'une mesure ancienne, quelconque en mesures métriques.

1°. Une mesure de longueur quelconque,
par exemple : une aune, étant exprimée en
toises ou en pieds, pouces etc. on aura sa
valeur en mètres ou en parties du mètre, à
l'aide des tables I et II.

2°. Une mesure agraire quelconque, par
exemple : un arpent ou une perche. quarrée,
étant exprimé en toises quarrés etc. on aura
sa valeur en mètres quarrés, c'est-à-dire,
en centiares, en faisant usage des tables V
et VI.

C 2

3°. Enfin, une mesure de solidité ou de capacité quelconque, étant exprimée en toises-cubes, etc. on convertira cette mesure en mètres cubes, par les tables X et XI. Le nombre de décimètres cubes exprimera des litres, lorsqu'il s'agira d'une mesure de capacité pour les liquides ou les matières sèches.

A l'égard des poids ils sont moins variés, et dans tous les départements on connoît la livre poids de marc.

**TABLE V.** *Pour convertir les toises q. et les toise-pieds, en mètres quarrés.*

| T.pieds mèt. q. | T.pieds mètr. q. | T.pieds. mètr. q. |
|---|---|---|
|  | **4 toises q.** | **8 toises q.** |
| 0... 0,000 | 0...15,195 | 0...30,390 |
| 1... 0,633 | 1...15,828 | 1...31,023 |
| 2... 1,266 | 2...16,461 | 2...31,656 |
| 3... 1,899 | 3...17,094 | 3...32,289 |
| 4... 2,533 | 4...17,727 | 4...32,922 |
| 5... 3,166 | 5...18,361 | 5...33,556 |
| **1 toise q.** | **5.** | **9.** |
| 0... 3,799 | 0...18,994 | 0...34,189 |
| 1... 4,432 | 1...19,627 | 1...34,822 |
| 2... 5,065 | 2...20,260 | 2...35,455 |
| 3... 5,698 | 3...20,893 | 3...36,088 |
| 4... 6,331 | 4...21,526 | 4...36,721 |
| 5... 6,964 | 5...22,159 | 5...37,354 |
| **2.** | **6.** | **10.** |
| 0... 7,597 | 0...22,792 | 0...37,987 |
| 1... 8,231 | 1...23,426 | 1...38,621 |
| 2... 8,864 | 2...24,059 | 2...39,254 |
| 3... 9,497 | 3...24,692 | 3...39,887 |
| 4...10,130 | 4...25,325 | 4...40,520 |
| 5...10,763 | 5...25,958 | 5...41,153 |
| **3.** | **7.** | **11.** |
| 0...11,396 | 0...26,591 | 0...41,786 |
| 1...12,029 | 1...27,224 | 1...42,419 |
| 2...12,662 | 2...27,857 | 2...43,052 |
| 3...13,296 | 3...28,491 | 3...43,686 |
| 4...14,929 | 4...29,124 | 4...44,319 |
| 5...14,562 | 5...29,757 | 5...44,952 |

*Suite de la table V. Pour convertir les toises quarrés, etc. en mètres quarrés.*

| T.pieds. mètr. q. | T.pieds. mètr. q. | T.pieds. mètr. q. |
|---|---|---|
| **12 toi.q.** | **16 toi.q.** | **20 toi.q.** |
| 0...45,585 | 0...60,780 | 0...75,975 |
| 1...46,218 | 1...61,413 | 1...76,608 |
| 2...46,851 | 2...62,046 | 2...77,241 |
| 3...47,484 | 3...62,679 | 3...77,874 |
| 4...48,117 | 4...63,312 | 4...78,507 |
| 5...48,751 | 5...63,946 | 5...79,141 |
| **13.** | **17.** | **21.** |
| 0...49,384 | 0...64,579 | 0...79,774 |
| 1...50,017 | 1...65,212 | 1...80,407 |
| 2...50,650 | 2...65,845 | 2...81,040 |
| 3...51,283 | 3...66,478 | 3...81,673 |
| 4...51,916 | 4...67,111 | 4...82,306 |
| 5...52,549 | 5...67,744 | 5...82,939 |
| **14.** | **18.** | **22.** |
| 0...53,182 | 0...68,377 | 0...83,572 |
| 1...53,816 | 1...69,011 | 1...84,206 |
| 2...54,449 | 2...69,644 | 2...84,839 |
| 3...55,082 | 3...70,277 | 3...85,472 |
| 4...55,715 | 4...70,910 | 4...86,105 |
| 5...56,348 | 5...71,543 | 5...86,738 |
| **15.** | **19.** | **23.** |
| 0...56,981 | 0...72,176 | 0...87,371 |
| 1...57,614 | 1...72,809 | 1...88,004 |
| 2...58,247 | 2...73,442 | 2...88,637 |
| 3...58,881 | 3...74,073 | 3...89,271 |
| 4...59,514 | 4...74,709 | 4...89,904 |
| 5...60,147 | 5...75,342 | 5...90,537 |

# TABLE VI. *Pour convertir les toise-pouces et les toise-lignes en parties du mètre quarré.*

| T.lig. mètr. | T.lig. mètr. | T.lig. mètr. |
|---|---|---|
| | **2** T.pouc. | **4** T.pouc. |
| 0..0,000 | 0..0,106 | 0..0,211 |
| 1..0,004 | 1..0,110 | 1..0,215 |
| 2..0,009 | 2..0,114 | 2..0,220 |
| 3..0,013 | 3..0,119 | 3..0,224 |
| 4..0,018 | 4..0,123 | 4..0,229 |
| 5..0,022 | 5..0,128 | 5..0,233 |
| 6..0,026 | 6..0,132 | 6..0,237 |
| 7..0,031 | 7..0,136 | 7..0,242 |
| 8..0,035 | 8..0,141 | 8..0,246 |
| 9..0,040 | 9..0,145 | 9..0,251 |
| 10..0,044 | 10..0,149 | 10..0,255 |
| 11..0,048 | 11..0,154 | 11..0,259 |
| **1** T.pouce | **3.** | **5.** |
| 0..0,053 | 0..0,158 | 0..0,263 |
| 1..0,057 | 1..0,163 | 1..0,268 |
| 2..0,062 | 2..0,167 | 2..0,273 |
| 3..0,066 | 3..0,171 | 3..0,277 |
| 4..0,070 | 4..0,176 | 4..0,281 |
| 5..0,075 | 5..0,180 | 5..0,286 |
| 6..0,079 | 6..0,185 | 6..0,290 |
| 7..0,084 | 7..0,189 | 7..0,295 |
| 8..0,088 | 8..0,193 | 8..0,299 |
| 9..0,092 | 9..0,198 | 9..0,303 |
| 10..0,097 | 10..0,202 | 10..0,308 |
| 11..0,101 | 11..0,207 | 11..0,312 |

*Suite de la table VI. Pour convertir les toise-pouces, etc. en parties du mètre quarré.*

| T.lig. mètr. | T.lig. mètr. | T.lig. mètr. |
|---|---|---|
| 6 T.pouc. | 8 T.pouc. | 10 T.po. |
| 0..0,317 | 0..0,422 | 0..0,528 |
| 1..0,321 | 1..0,426 | 1..0,532 |
| 2..0,325 | 2..0,431 | 2..0,536 |
| 3..0,330 | 3..0,435 | 3..0,541 |
| 4..0,333 | 4..0,440 | 4..0,545 |
| 5..0,338 | 5..0,444 | 5..0,550 |
| 6..0,342 | 6..0,448 | 6..0,554 |
| 7..0,346 | 7..0,453 | 7..0,558 |
| 8..0,351 | 8..0,457 | 8..0,563 |
| 9..0,355 | 9..0,462 | 9..0,567 |
| 10..0,360 | 10..0,466 | 10..0,572 |
| 11..0,364 | 11..0,470 | 11..0,576 |
| 7. | 9. | 11. |
| 0..0,369 | 0..0,475 | 0..0,580 |
| 1..0,374 | 1..0,479 | 1..0,585 |
| 2..0,378 | 2..0,484 | 2..0,589 |
| 3..0,383 | 3..0,488 | 3..0,594 |
| 4..0,387 | 4..0,492 | 4..0,598 |
| 5..0,391 | 5..0,497 | 5..0,602 |
| 6..0,396 | 6..0,501 | 6..0,607 |
| 7..0,400 | 7..0,506 | 7..0,611 |
| 8..0,404 | 8..0,510 | 8..0,616 |
| 9..0,409 | 9..0,514 | 9..0,620 |
| 10..0,413 | 10..0,519 | 10..0,624 |
| 11..0,418 | 11..0,523 | 11..0,629 |

## TABLE VII. *Pour convertir les arpents (eaux et forêts), en hectares, ou les perches quarrées en ares.*

| arp. ou perch. q. | hect. ou ares. | arp. ou perch. q. | hect. ou ares. | arp. ou perch. q. | hect. ou ares. | arp. ou perch. q. | hect. ou ares. |
|---|---|---|---|---|---|---|---|
| 1.. | 0,511 | 28.. | 14,300 | 55.. | 28,090 | 82.. | 41,879 |
| 2.. | 1,021 | 29.. | 14,811 | 56.. | 28,600 | 83.. | 42,390 |
| 3.. | 1,532 | 30.. | 15,322 | 57.. | 29,111 | 84.. | 42,901 |
| 4.. | 2,043 | 31.. | 15,832 | 58.. | 29,622 | 85.. | 43,411 |
| 5.. | 2,554 | 32.. | 16,343 | 59.. | 30,132 | 86.. | 43,922 |
| 6.. | 3,064 | 33.. | 16,854 | 60.. | 30,643 | 87.. | 44,433 |
| 7.. | 3,575 | 34.. | 17,364 | 61.. | 31,154 | 88.. | 44,943 |
| 8.. | 4,086 | 35.. | 17,875 | 62.. | 31,665 | 89.. | 45,454 |
| 9.. | 4,596 | 36.. | 18,386 | 63.. | 32,175 | 90.. | 45,965 |
| 10.. | 5,107 | 37.. | 18,897 | 64.. | 32,686 | 91.. | 46,476 |
| 11.. | 5,618 | 38.. | 19,407 | 65.. | 33,197 | 92.. | 46,986 |
| 12.. | 6,129 | 39.. | 19,918 | 66.. | 33,708 | 93.. | 47,497 |
| 13.. | 6,639 | 40.. | 20,429 | 67.. | 34,218 | 94.. | 48,008 |
| 14.. | 7,150 | 41.. | 20,940 | 68.. | 34,729 | 95.. | 48,518 |
| 15.. | 7,661 | 42.. | 21,450 | 69.. | 35,240 | 96.. | 49,029 |
| 16.. | 8,172 | 43.. | 21,961 | 70.. | 35,750 | 97.. | 49,540 |
| 17.. | 8,682 | 44.. | 22,472 | 71.. | 36,261 | 98.. | 50,051 |
| 18.. | 9,193 | 45.. | 22,982 | 72.. | 36,772 | 99.. | 50,561 |
| 19.. | 9,704 | 46.. | 23,490 | 73.. | 37,283 | 100.. | 51,072 |
| 20.. | 10,214 | 47.. | 24,004 | 74.. | 37,793 | 200.. | 102,144 |
| 21.. | 10,725 | 48.. | 24,515 | 75.. | 38,304 | 300.. | 153,216 |
| 22.. | 11,236 | 49.. | 25,025 | 76.. | 38,815 | 400.. | 204,288 |
| 23.. | 11,747 | 50.. | 25,536 | 77.. | 39,325 | 500.. | 255,360 |
| 24.. | 12,257 | 51.. | 26,047 | 78.. | 39,836 | 600.. | 306,432 |
| 25.. | 12,768 | 52.. | 26,557 | 79.. | 40,347 | 700.. | 357,504 |
| 26.. | 13,279 | 53.. | 27,068 | 80.. | 40,858 | 800.. | 408,576 |
| 27.. | 13,789 | 54.. | 27,579 | 81.. | 41,368 | 900.. | 459,648 |

# TABLE VIII. *Pour convertir les arpents (de Paris) en hectares ou les perches q. en ares.*

| arp. ou perch. ou q. | hect. ou ares. | arp. ou perch. ou q. | hect. ou ares. | arp. ou perch. ou q. | hect. ou ares. | arp. ou perch. ou q. | hectar. ou ares. |
|---|---|---|---|---|---|---|---|
| 1 | 0,342 | 28 | 9,573 | 55 | 18,804 | 82 | 28,035 |
| 2 | 0,684 | 29 | 9,915 | 56 | 19,146 | 83 | 28,377 |
| 3 | 1,026 | 30 | 10,257 | 57 | 19,488 | 84 | 28,718 |
| 4 | 1,368 | 31 | 10,598 | 58 | 19,829 | 85 | 29,060 |
| 5 | 1,709 | 32 | 10,940 | 59 | 20,171 | 86 | 29,402 |
| 6 | 2,051 | 33 | 11,282 | 60 | 20,513 | 87 | 29,744 |
| 7 | 2,393 | 34 | 11,624 | 61 | 20,855 | 88 | 30,086 |
| 8 | 2,735 | 35 | 11,966 | 62 | 21,197 | 89 | 30,428 |
| 9 | 3,077 | 36 | 12,308 | 63 | 21,539 | 90 | 30,770 |
| 10 | 3,419 | 37 | 12,650 | 64 | 21,881 | 91 | 31,112 |
| 11 | 3,761 | 38 | 12,992 | 65 | 22,223 | 92 | 31,454 |
| 12 | 4,103 | 39 | 13,334 | 66 | 22,565 | 93 | 31,795 |
| 13 | 4,445 | 40 | 13,675 | 67 | 22,906 | 94 | 32,137 |
| 14 | 4,786 | 41 | 14,017 | 68 | 23,248 | 95 | 32,479 |
| 15 | 5,128 | 42 | 14,359 | 69 | 23,590 | 96 | 32,821 |
| 16 | 5,470 | 43 | 14,701 | 70 | 23,932 | 97 | 33,163 |
| 17 | 5,812 | 44 | 15,043 | 71 | 24,274 | 98 | 33,505 |
| 18 | 6,154 | 45 | 15,385 | 72 | 24,616 | 99 | 33,847 |
| 19 | 6,496 | 46 | 15,727 | 73 | 24,958 | 100 | 34,189 |
| 20 | 6,838 | 47 | 16,069 | 74 | 25,300 | 200 | 68,377 |
| 21 | 7,180 | 48 | 16,411 | 75 | 25,642 | 300 | 102,566 |
| 22 | 7,522 | 49 | 16,752 | 76 | 25,983 | 400 | 136,755 |
| 23 | 7,863 | 50 | 17,094 | 77 | 26,325 | 500 | 170,943 |
| 24 | 8,205 | 51 | 17,436 | 78 | 26,667 | 600 | 205,132 |
| 25 | 8,547 | 52 | 17,778 | 79 | 27,009 | 700 | 239,321 |
| 26 | 8,889 | 53 | 18,120 | 80 | 27,351 | 800 | 273,509 |
| 27 | 9,231 | 54 | 18,462 | 81 | 27,693 | 900 | 307,698 |

## TABLE IX. *Pour convertir les lieues quarrées terrestres , en myriamètres q.*

| lieues quar. | myr. q. | lieues q. | myr. q. | lieues q. | myr. q. | lieues q. | myriam. q. |
|---|---|---|---|---|---|---|---|
| 1 | 0,198 | 28 | 5,531 | 55 | 10,864 | 82 | 16,198 |
| 2 | 0,395 | 29 | 5,728 | 56 | 11,062 | 83 | 16,395 |
| 3 | 0,593 | 30 | 5,926 | 57 | 11,259 | 84 | 16.593 |
| 4 | 0,790 | 31 | 6,123 | 58 | 11,45- | 85 | 16,790 |
| 5 | 0,988 | 32 | 6,321 | 59 | 11.65. | 86 | 16.980 |
| 6 | 1,185 | 33 | 6,519 | 60 | 11,852 | 87 | 17.185 |
| 7 | 1,383 | 34 | 6,716 | 61 | 12,049 | 88 | 17,383 |
| 8 | 1,580 | 35 | 6,914 | 62 | 12,247 | 89 | 17,580 |
| 9 | 1,778 | 36 | 7,111 | 63 | 12,444 | 90 | 17,778 |
| 10 | 1.975 | 37 | 7,309 | 64 | 12,642 | 91 | 17,975 |
| 11 | 2,173 | 38 | 7,506 | 65 | 12,840 | 92 | 18,173 |
| 12 | 2,370 | 39 | 7,704 | 66 | 13,037 | 93 | 18,370 |
| 13 | 2,568 | 40 | 7,901 | 67 | 13,235 | 94 | 18,568 |
| 14 | 2,765 | 41 | 8,099 | 68 | 13,432 | 95 | 18,765 |
| 15 | 2,963 | 42 | 8,296 | 69 | 13,630 | 96 | 18,963 |
| 16 | 3,160 | 43 | 8,494 | 70 | 13,827 | 97 | 19,160 |
| 17 | 3,358 | 44 | 8,691 | 71 | 14,025 | 98 | 19,358 |
| 18 | 3,556 | 45 | 8,889 | 72 | 14,222 | 99 | 19,556 |
| 19 | 3,753 | 46 | 9,086 | 73 | 14,420 | 100 | 19,753 |
| 20 | 3,951 | 47 | 9,284 | 74 | 14,617 | 200 | 39,506 |
| 21 | 4,148 | 48 | 9,481 | 75 | 14,815 | 300 | 59,259 |
| 22 | 4,346 | 49 | 9,679 | 76 | 15,012 | 400 | 79.012 |
| 23 | 4,543 | 50 | 9,877 | 77 | 15,210 | 500 | 98,765 |
| 24 | 4,741 | 51 | 10,074 | 78 | 15,407 | 600 | 118,519 |
| 25 | 4,938 | 52 | 10,272 | 79 | 15,605 | 700 | 138,272 |
| 26 | 5,136 | 53 | 10,469 | 80 | 15,802 | 800 | 158,025 |
| 27 | 5,333 | 54 | 10,667 | 81 | 16,000 | 900 | 177,778 |

*Des mesures de solidité.*

Le mètre-cube est un solide qui a la forme d'un dé à jouer ; chacune de ses six faces présente un mètre quarré. Il contient 1000 décimètres-cubes et sa valeur n'est guères que les $\frac{2}{15}$ d'une toise-cube , ou plus exactement il équivaut à 29 pieds-cubes et $\frac{1}{6}$.

Le décimètre-cube contient 1000 centimètres-cubes. Sa valeur est d'environ 50 pouces-cubes $\frac{2}{5}$.

Le centimètre-cube contient 1000 millimètres-cubes. Sa valeur diffère peu de 87 lignes-cubes.

Le millimètre-cube vaut à peine $\frac{1}{11}$ de ligne-cube.

Le mètre-cube prend le nom de stère , lorsqu'on mesure les bois de chauffage ou de charpente. Il est un peu plus grand que la demi-voie de bois de Paris , et équivaut environ à $\frac{26}{100}$ de corde de bois (eaux et forêts).

Le décistère diffère très-peu de la solive (charpente). Sa valeur est d'environ 2 pieds-cubes 92 centièmes.

*Instrumens de mesurage.*

Le demi-décastère est une membrure contenant 5 mètres-cubes de bois de chauffage. Lorsque les bûches ont un mètre de longueur, la membrure a 3 mètres de base sur 1 mètre 667 millimètres de hauteur. On diminue cette

cette hauteur de 2 décimètres , par une échancrure , quand les bûches ont 3 pieds 6 pouces.

Le double stère , a deux mètres de base sur un mètre de hauteur, pour les bûches d'un mètre. La hauteur doit être diminuée de 12 centimètres quand les bûches ont 3 pieds 6 pouces.

Le stère , a un mètre de base sur un mètre de hauteur pour les bûches d'un mètre. On diminue la hauteur de 12 centimètres , lorsque les bûches ont 3 pieds 6 pouces.

*Table X et XI pour la conversion des toises-cubes , toise-toise-pieds* etc. *en mètres-cubes.*

Proposons-nous de convertir 15923 toises-cubes en mètres-cubes.

La table X donne :

Pour 15000 toises-cubes....111058 mètres-cubes,
Pour   900 *idem*.......... 6664
Pour    23 *idem*.......... 170

Réponse :  117892 mètres-cubes.

Soient 14$^{t.-cubes}$ 1$^{t.-t-pi.}$ 7$^{t.-t.-po}$. 9$^{t.t.-lig.}$ à convertir en mètres-cubes.

La table X donne :

Pour 14$^{t.-c.}$ 1$^{t.-t.-pi.}$.....104$^{mètres-c.}$888

La table XI donne :

Pour 7$^{t.-t.}$.$^{-po.}$ 9$^{t.-t.-lig.}$..   o  ,  797

Réponse :   105$^{m.-c.}$, 685$^{millièmes.}$

D

*Table XII. Pour la conversion des cordes de bois en stères.*

Trouver la valeur de 255 cordes de bois ( eaux et forêts ) en stères.

Cette table donne :

>     Pour 250 cordes.....959 , 8
>     Pour   5 *idem*....... 19 , 2
>
>     Réponse :  979$^{\text{stères}}$ , 0

*Table XIII et XIV. Pour la conversion des solives* ( charpente ) , *pieds de solives*, etc. *en décistères.*

Soient 9 solives 4 pieds 10 pouces 3 lignes à convertir en décistères ?

La table XIII donne :

Pour 9 stères 4 pieds... 9$^{\text{décistères}}$ , 94

La table XIV donne :

Pour 10 pouces 3 lignes... 0 , 15

>     10$^{\text{décistères}}$ , 09$^{\text{centièmes}}$.

*Prix proportionnels.*

La toise-cube valant 1 franc , le mètre-cube vaudra 14 centimes au plus.

La corde de bois valant 50 francs , ou la voie de bois 25 francs , le stère ne doit coûter que 13 francs.

La solive valant 1 franc , le décistère doit coûter 97 centimes.

**TABLE X.** *Pour convertir les toises-cubes et les toise-toise-pieds en mètres-cubes.*

| t.-t.-pi. | m.-c. | t.-t.-pi. | m.-c. | t.-t.-pi. | m.-c. |
|---|---|---|---|---|---|
|  |  | **4 toises-c.** | | **8 toises-c.** | |
| 0... | 0,000 | 0... | 29,616 | 0... | 59,231 |
| 1... | 1,234 | 1... | 30,850 | 1... | 60,465 |
| 2... | 2,468 | 2... | 32,084 | 2... | 61,699 |
| 3... | 3,702 | 3... | 33,318 | 3... | 62,933 |
| 4... | 4,936 | 4... | 34,552 | 4... | 64,167 |
| 5... | 6,170 | 5... | 35,786 | 5... | 65,401 |
| **1 toise-c.** | | **5.** | | **9.** | |
| 0... | 7,404 | 0... | 37,019 | 0... | 66,635 |
| 1... | 8,638 | 1... | 38,253 | 1... | 67,869 |
| 2... | 9,872 | 2... | 39,487 | 2... | 69,103 |
| 3... | 11,106 | 3... | 40,721 | 3... | 70,337 |
| 4... | 12,340 | 4... | 41,955 | 4... | 71,571 |
| 5... | 13,574 | 5... | 43,189 | 5... | 72,805 |
| **2.** | | **6.** | | **10.** | |
| 0... | 14,808 | 0... | 44,423 | 0... | 74,039 |
| 1... | 16,042 | 1... | 45,657 | 1... | 75,273 |
| 2... | 17,276 | 2... | 46,891 | 2... | 76,507 |
| 3... | 18,510 | 3... | 48,125 | 3... | 77,741 |
| 4... | 19,744 | 4... | 49,359 | 4... | 78,975 |
| 5... | 20,978 | 5... | 50,593 | 5... | 80,209 |
| **3.** | | **7.** | | **11.** | |
| 0... | 22,212 | 0... | 51,827 | 0... | 81,443 |
| 1... | 23,446 | 1... | 53,061 | 1... | 82,677 |
| 2... | 24,680 | 2... | 54,295 | 2... | 83,911 |
| 3... | 25,914 | 3... | 55,529 | 3... | 85,145 |
| 4... | 27,148 | 4... | 56,763 | 4... | 86,379 |
| 5... | 28,382 | 5... | 57,997 | 5... | 87,613 |

*Suite de la table X. Pour convertir les toises-cubes et les toise-toise-pieds en mètres-cubes.*

| t.-t.-pi. | m.-c. | t.-t.-pi. | m.-c. | t.-t.-pi. | m.-c. |
|---|---|---|---|---|---|
| **12 toises-c.** | | **16 toises-c.** | | **20 toises-c.** | |
| 0 | 88,847 | 0 | 118,462 | 0 | 148,078 |
| 1 | 90,081 | 1 | 119,696 | 1 | 149,312 |
| 2 | 91,315 | 2 | 120,930 | 2 | 150,546 |
| 3 | 92,549 | 3 | 122,164 | 3 | 151,780 |
| 4 | 93,733 | 4 | 123,398 | 4 | 153,014 |
| 5 | 95,017 | 5 | 124,632 | 5 | 154,248 |
| **13.** | | **17.** | | **21.** | |
| 0 | 96,251 | 0 | 125,866 | 0 | 155,482 |
| 1 | 97,485 | 1 | 127,100 | 1 | 156,716 |
| 2 | 98,719 | 2 | 128,334 | 2 | 157,950 |
| 3 | 99,953 | 3 | 129,568 | 3 | 159,184 |
| 4 | 101,187 | 4 | 130,802 | 4 | 160,418 |
| 5 | 102,421 | 5 | 132,036 | 5 | 161,652 |
| **14.** | | **18.** | | **22.** | |
| 0 | 103,654 | 0 | 133,270 | 0 | 162,886 |
| 1 | 104,898 | 1 | 134,504 | 1 | 164,120 |
| 2 | 106,122 | 2 | 135,738 | 2 | 165,354 |
| 3 | 107,356 | 3 | 136,972 | 3 | 166,588 |
| 4 | 108,590 | 4 | 138,206 | 4 | 167,822 |
| 5 | 109,824 | 5 | 139,440 | 5 | 169,056 |
| **15.** | | **19.** | | **23.** | |
| 0 | 111,058 | 0 | 140,674 | 0 | 170,289 |
| 1 | 112,292 | 1 | 141,908 | 1 | 171,523 |
| 2 | 113,526 | 2 | 143,142 | 2 | 172,757 |
| 3 | 114,760 | 3 | 144,376 | 3 | 173,991 |
| 4 | 115,994 | 4 | 145,610 | 4 | 175,225 |
| 5 | 117,228 | 5 | 146,844 | 5 | 176,459 |

## TABLE XI. *Pour convertir les t.-t.-pouces et les toise-toise-lig. en partie du mètre-cube.*

| t.-t.-l. | mèt.-c. | t.-t.-l. | mèt.-c. | t.-t.-l. | mèt.-c. |
|---|---|---|---|---|---|
| | | 2 t.-t.-pouc. | | 4 t.-t.-pouc. | |
| 0 | 0,000 | 0 | 0,206 | 0 | 0,411 |
| 1 | 0,009 | 1 | 0,214 | 1 | 0,420 |
| 2 | 0,017 | 2 | 0,223 | 2 | 0,428 |
| 3 | 0,026 | 3 | 0,231 | 3 | 0,437 |
| 4 | 0,034 | 4 | 0,240 | 4 | 0,446 |
| 5 | 0,043 | 5 | 0,249 | 5 | 0,454 |
| 6 | 0,051 | 6 | 0,257 | 6 | 0,463 |
| 7 | 0,060 | 7 | 0,266 | 7 | 0,471 |
| 8 | 0,069 | 8 | 0,274 | 8 | 0,480 |
| 9 | 0,077 | 9 | 0,283 | 9 | 0,488 |
| 10 | 0,086 | 10 | 0,291 | 10 | 0,497 |
| 11 | 0,094 | 11 | 0,300 | 11 | 0,506 |
| 1 t.-t.-pouce | | 3. | | 5. | |
| 0 | 0,103 | 0 | 0,309 | 0 | 0,514 |
| 1 | 0,111 | 1 | 0,317 | 1 | 0,523 |
| 2 | 0,120 | 2 | 0,326 | 2 | 0,531 |
| 3 | 0,129 | 3 | 0,334 | 3 | 0,540 |
| 4 | 0,137 | 4 | 0,343 | 4 | 0,549 |
| 5 | 0,146 | 5 | 0,351 | 5 | 0,557 |
| 6 | 0,154 | 6 | 0,360 | 6 | 0,566 |
| 7 | 0,163 | 7 | 0,369 | 7 | 0,574 |
| 8 | 0,171 | 8 | 0,377 | 8 | 0,583 |
| 9 | 0,180 | 9 | 0,386 | 9 | 0,591 |
| 10 | 0,189 | 10 | 0,394 | 10 | 0,600 |
| 11 | 0,197 | 11 | 0,403 | 11 | 0,609 |

**TABLE XI.** *Pour convertir les t.-t.-pouc. et les t.-t.-lig. en parties du mètre-cube.*

| t.-t.-l. | mèt.-c. | t.-t.-l. | mèt.-c. | t.-t.-l. | mèt.-c. |
|---|---|---|---|---|---|
| 6 t.-t.-pouc. | | 8 t.-t.-pouc. | | 10 t.-t.-po. | |
| 0 | 0,617 | 0 | 0,823 | 0 | 1,028 |
| 1 | 0,626 | 1 | 0,831 | 1 | 1,037 |
| 2 | 0,634 | 2 | 0,840 | 2 | 1,045 |
| 3 | 0,643 | 3 | 0,848 | 3 | 1,054 |
| 4 | 0,651 | 4 | 0,857 | 4 | 1,063 |
| 5 | 0,660 | 5 | 0,866 | 5 | 1,071 |
| 6 | 0,668 | 6 | 0,874 | 6 | 1,080 |
| 7 | 0,677 | 7 | 0,883 | 7 | 1,088 |
| 8 | 0,686 | 8 | 0,891 | 8 | 1,097 |
| 9 | 0,694 | 9 | 0,900 | 9 | 1,105 |
| 10 | 0,703 | 10 | 0,908 | 10 | 1,114 |
| 11 | 0,611 | 11 | 0,917 | 11 | 1,123 |
| **7.** | | **9.** | | **11.** | |
| 0 | 0,720 | 0 | 0,926 | 0 | 1,131 |
| 1 | 0,728 | 1 | 0,934 | 1 | 1,140 |
| 2 | 0,737 | 2 | 0,943 | 2 | 1,148 |
| 3 | 0,746 | 3 | 0,951 | 3 | 1,157 |
| 4 | 0,754 | 4 | 0,960 | 4 | 1,166 |
| 5 | 0,763 | 5 | 0,968 | 5 | 1,174 |
| 6 | 0,771 | 6 | 0,977 | 6 | 1,183 |
| 7 | 0,780 | 7 | 0,986 | 7 | 1,191 |
| 8 | 0,788 | 8 | 0,994 | 8 | 1,200 |
| 9 | 0,797 | 9 | 1,003 | 9 | 1,208 |
| 10 | 0,806 | 10 | 1,011 | 10 | 1,217 |
| 11 | 0,814 | 11 | 1,020 | 11 | 1,226 |

## TABLE XII et XIII. *Pour convertir les cordes de bois ( eaux et forêts ) en steres , et les sol. ( charpente ) et pieds de solives, en décisteres.*

| cordes. | stères. |
|---|---|
| 1... | 3,84 |
| 2... | 7,68 |
| 3... | 11,52 |
| 4... | 15,36 |
| 5... | 19,20 |
| 6... | 23,03 |
| 7... | 26,87 |
| 8... | 30,71 |
| 9... | 34,55 |
| 10... | 38,39 |
| 11... | 42,23 |
| 12... | 46,07 |
| 13... | 49,91 |
| 14... | 53,75 |
| 15... | 57,59 |
| 16... | 61,42 |
| 17... | 65,26 |
| 18... | 69,10 |
| 19... | 72,94 |
| 20... | 76,78 |
| 21... | 80,62 |
| 22... | 84,46 |
| 23... | 88,30 |
| 24... | 92,14 |
| 25... | 95,98 |
| 26... | 99,82 |
| 27... | 103,66 |
| 28... | 107,49 |
| 29... | 111,33 |
| 30... | 115,17 |

| pieds de sol. | décistères |
|---|---|
| 0... | 0,00 |
| 1... | 0,17 |
| 2... | 0,34 |
| 3... | 0,51 |
| 4... | 0,69 |
| 5... | 0,86 |
| **I solive.** | |
| 0... | 1,03 |
| 1... | 1.20 |
| 2... | 1,37 |
| 3... | 1,54 |
| 4... | 1,71 |
| 5... | 1,89 |
| **2** | |
| 0... | 2,06 |
| 1... | 2,23 |
| 2... | 2,40 |
| 3... | 2,57 |
| 4... | 2,74 |
| 5... | 2,91 |
| **3** | |
| 0... | 3,09 |
| 1... | 3,26 |
| 2... | 3,43 |
| 3... | 3,60 |
| 4... | 3,77 |
| 5... | 3,94 |

| pieds de sol. | décistères |
|---|---|
| **4 solives.** | |
| 0... | 4,11 |
| 1... | 4,28 |
| 2... | 4,46 |
| 3... | 4,63 |
| 4... | 4,80 |
| 5... | 4,97 |
| **5** | |
| 0... | 5,14 |
| 1... | 5,31 |
| 2... | 5,49 |
| 3... | 5,66 |
| 4... | 5,83 |
| 5... | 6,00 |
| **6** | |
| 0... | 6,17 |
| 1... | 6,34 |
| 2... | 6,51 |
| 3... | 6,68 |
| 4... | 6,86 |
| 5... | 7,03 |
| **7** | |
| 0... | 7,20 |
| 1... | 7,37 |
| 2... | 7,54 |
| 3... | 7,71 |
| 4... | 7,88 |
| 5... | 8.06 |

*Suite de la table XIII. Pour convertir les soliv.*
*( charpente ) et pieds solives, en décistères.*

| pieds de sol. | décis-tères. | Pieds de sol. | décis-tères. | pieds de sol. | décis-tères. |
|---|---|---|---|---|---|
| **8 solives.** | | **12 solives.** | | **16 solives.** | |
| 0... | 8,23 | 0... | 12,34 | 0... | 16,45 |
| 1... | 8,40 | 1... | 12,51 | 1... | 16,62 |
| 2... | 8,57 | 2... | 12,68 | 2... | 16,80 |
| 3... | 8,74 | 3... | 12,85 | 3... | 16,97 |
| 4... | 8,91 | 4... | 13,03 | 4... | 17,14 |
| 5... | 9,08 | 5... | 13,20 | 5... | 17,31 |
| **9** | | **13** | | **17** | |
| 0... | 9,25 | 0... | 13,37 | 0... | 17,48 |
| 1... | 9,43 | 1... | 13,54 | 1... | 17,65 |
| 2... | 9,60 | 2... | 13,71 | 2... | 17,82 |
| 3... | 9,77 | 3... | 13,88 | 3... | 18,00 |
| 4... | 9,94 | 4... | 14,05 | 4... | 18,17 |
| 5... | 10,11 | 5... | 14,23 | 5... | 18,34 |
| **10** | | **14** | | **18** | |
| 0... | 10,28 | 0... | 14,40 | 0... | 18,51 |
| 1... | 10,45 | 1... | 14,57 | 1... | 18,68 |
| 2... | 10,63 | 2... | 14,74 | 2... | 18,85 |
| 3... | 10,80 | 3... | 14,91 | 3... | 19,02 |
| 4... | 10,97 | 4... | 15,08 | 4... | 19,20 |
| 5... | 11,14 | 5... | 15,25 | 5... | 19,37 |
| **11** | | **15** | | **19** | |
| 0... | 11,31 | 0... | 15,42 | 0... | 19,54 |
| 1... | 11,48 | 1... | 15,60 | 1... | 19,71 |
| 2... | 11,66 | 2... | 15,77 | 2... | 19,88 |
| 3... | 11,83 | 3... | 15,94 | 3... | 20,05 |
| 4... | 12,00 | 4... | 16,11 | 4... | 20,22 |
| 5... | 12,17 | 5... | 16,28 | 5... | 20,40 |

## TABLE. XIV. *Pour convertir les pouces et les lignes de solives en décistères.*

| lignes de sol. | décis- tères. | lignes de sol. | décis- tères. | lignes de sol. | décis- tères. |
|---|---|---|---|---|---|
| | | **2 pouces.** | | **4 pouces.** | |
| 0 | 0,00 | 0 | 0,03 | 0 | 0,06 |
| 1 | 0,00 | 1 | 0,03 | 1 | 0,06 |
| 2 | 0,00 | 2 | 0,03 | 2 | 0,06 |
| 3 | 0,00 | 3 | 0,03 | 3 | 0,06 |
| 4 | 0,01 | 4 | 0,03 | 4 | 0,06 |
| 5 | 0,01 | 5 | 0,04 | 5 | 0,06 |
| 6 | 0,01 | 6 | 0,04 | 6 | 0,06 |
| 7 | 0,01 | 7 | 0,04 | 7 | 0,07 |
| 8 | 0,01 | 8 | 0,04 | 8 | 0,07 |
| 9 | 0,01 | 9 | 0,04 | 9 | 0,07 |
| 10 | 0,01 | 10 | 0,04 | 10 | 0,07 |
| 11 | 0,01 | 11 | 0,04 | 11 | 0,07 |
| **1 pouce.** | | **3** | | **5** | |
| 0 | 0,01 | 0 | 0,04 | 0 | 0,07 |
| 1 | 0,02 | 1 | 0,04 | 1 | 0,07 |
| 2 | 0,02 | 2 | 0,05 | 2 | 0,07 |
| 3 | 0,02 | 3 | 0,05 | 3 | 0,08 |
| 4 | 0,02 | 4 | 0,05 | 4 | 0,08 |
| 5 | 0,02 | 5 | 0,05 | 5 | 0,08 |
| 6 | 0,02 | 6 | 0,05 | 6 | 0,08 |
| 7 | 0,02 | 7 | 0,05 | 7 | 0,08 |
| 8 | 0,02 | 8 | 0,05 | 8 | 0,08 |
| 9 | 0,03 | 9 | 0,05 | 9 | 0,08 |
| 10 | 0,03 | 10 | 0,06 | 10 | 0,08 |
| 11 | 0,03 | 11 | 0,06 | 11 | 0,08 |

*Suite de la table XIV. Pour convertir les pouces et les lignes des sol. ves en décistères.*

| lignes de sol. | décis-tères. | lignes de sol. | décis-tères. | lignes de sol. | décis-tères. |
|---|---|---|---|---|---|
| **6 pouces.** | | **8 pouces.** | | **10 pouc.** | |
| 0 | 0,09 | 0 | 0,11 | 0 | 0,14 |
| 1 | 0,09 | 1 | 0,12 | 1 | 0,14 |
| 2 | 0,09 | 2 | 0,12 | 2 | 0,15 |
| 3 | 0,09 | 3 | 0,12 | 3 | 0,15 |
| 4 | 0,09 | 4 | 0,12 | 4 | 0,15 |
| 5 | 0,09 | 5 | 0,12 | 5 | 0,15 |
| 6 | 0,09 | 6 | 0,12 | 6 | 0,15 |
| 7 | 0,09 | 7 | 0,12 | 7 | 0,15 |
| 8 | 0,10 | 8 | 0,12 | 8 | 0,15 |
| 9 | 0,10 | 9 | 0,13 | 9 | 0,15 |
| 10 | 0,10 | 10 | 0,13 | 10 | 0,16 |
| 11 | 0,10 | 11 | 0,13 | 11 | 0,16 |
| **7** | | **9** | | **11** | |
| 0 | 0,10 | 0 | 0,13 | 0 | 0,16 |
| 1 | 0,10 | 1 | 0,13 | 1 | 0,16 |
| 2 | 0,10 | 2 | 0,13 | 2 | 0,16 |
| 3 | 0,10 | 3 | 0,13 | 3 | 0,16 |
| 4 | 0,11 | 4 | 0,13 | 4 | 0,16 |
| 5 | 0,11 | 5 | 0,14 | 5 | 0,16 |
| 6 | 0,11 | 6 | 0,14 | 6 | 0,16 |
| 7 | 0,11 | 7 | 0,14 | 7 | 0,17 |
| 8 | 0,11 | 8 | 0,14 | 8 | 0,17 |
| 9 | 0,11 | 9 | 0,14 | 9 | 0,17 |
| 10 | 0,11 | 10 | 0,14 | 10 | 0,17 |
| 11 | 0,11 | 11 | 0,14 | 11 | 0,17 |

*Des mesures de capacité pour les liquides.*

Le litre a pour capacité un décimètre-cube, ou la millième partie du mètre-cube ; le poids de l'eau qu'il peut contenir est d'environ 2 livres 5 gros $\frac{1}{2}$, poids de marc. Le litre et ses divisions remplacent la pinte et les autres mesures de ce genre servant à débiter les vins, les eaux-de-vie, etc. L'intérieur du litre est un cylindre qui a pour diamètre la moitié de sa hauteur ; cette proportion a lieu dans le double litre et dans toutes les mesures inférieures au litre, ce qui peut servir à les vérifier.

*Noms et valeurs des instrumens de mesurage pour les liquides.*

Le décalitre (1) vaut 10 pintes $\frac{3}{4}$ ou une velte $\frac{1}{7}$ environ ( de Paris ).

Le double-litre . . . 2     $\frac{1}{7}$

Le litre . . . . . . 1     $\frac{1}{14}$

Le demi-litre...5 décilitres... une chopine et $\frac{1}{4}$ de poisson.

---

(1) On peut employer son double et sa moitié en donnant à chacune de ces mesures la forme d'un broc.

Le double-décilitre . . . . . . un poisson $\frac{3}{4}$

Le décilitre . . . . . . . . . . . . . . . $\frac{7}{8}$
de poisson.

Le demi-décilitre......5 centilitres....... les $\frac{7}{8}$
d'un demi-poisson.

Les futailles qui peuvent être assimilées à ces mesures sont le *kilolitre*, contenant 1074 pintes de Paris; le *demi-kilolitre*, 537 pintes; le *double-hectolitre*, 215 pintes; l'*hectolitre*, 107 pintes, et le *demi-hectolitre*, contenant 54 pintes environ.

### *Observations.*

Le poids de l'eau contenue dans un vase quelconque, peut servir à déterminer avec une approximation suffisante, le nombre de litres contenus dans ce vase; car si le poids de cette eau est exprimé, par exemple, en *kilogrammes*, il n'y a qu'à changer ce mot en celui de *litres*. Si ce poids est donné en livres, onces, etc., poids de marc, on aura recours alors à la table XXI, pour convertir ces livres, onces, etc. en kilogrammes.

Ainsi, une mesure ou un vase qui contiendra, par exemple, 1 kilog. 25 décag. d'eau, équivaudra à 1 litre 25 centilitres.

*Table

*Table XV. Pour la conversion des pintes de
Paris en litres.*

Nous avons poussé cette table jusqu'à 600 pintes. Ce nombre paraît suffisant pour les marchands de vins et d'eau-de-vie, etc. Si l'on a un certain nombre de veltes à convertir en litres, il faut préalablement les réduire en pintes, en les multipliant par 8, et faire usage ensuite de la table.

Soient, par exemple, 36 veltes à convertir en litres. En multipliant ce nombre par 8, on aura 288 pintes, qui répondent dans la table, à 268 litres et 2 décilitres.

*Table XVI. Pour la conversion des pintes
et petites mesures de la pinte, en litres.*

Pour avoir une idée de la disposition de cette table, il nous suffit d'indiquer que pinte et chopine valent 1 litre 4 décilitres, et que pinte, chopine et poisson valent 1 litre 51 centilitres ou environ 1 litre $\frac{1}{2}$.

*Prix proportionnels.*

La pinte coûtant 1 franc, le litre doit valoir 1 fr., 08 centimes au plus.

La velte coûtant 1 franc, le décalitre doit valoir 1 fr., 35 centimes.

E

## TABLE XV. *Pour convertir les pintes de Paris en litres.*

| pintes | litres | pintes | litres | pintes | litres | pintes | litres |
|---|---|---|---|---|---|---|---|
| 1.. | 0,9 | 31.. | 28,9 | 61.. | 56,8 | 91.. | 84,8 |
| 2.. | 1,9 | 32.. | 29,8 | 62.. | 57,8 | 92.. | 85,7 |
| 3.. | 2,8 | 33.. | 30,7 | 63.. | 58,7 | 93.. | 86,6 |
| 4.. | 3,7 | 34.. | 31,7 | 64.. | 59,6 | 94.. | 87,5 |
| 5.. | 4,7 | 35.. | 32,6 | 65.. | 60,5 | 95.. | 88,5 |
| 6.. | 5,6 | 36.. | 33,5 | 66.. | 61,5 | 96.. | 89,4 |
| 7.. | 6,5 | 37.. | 34,5 | 67.. | 62,4 | 97.. | 90,3 |
| 8.. | 7,5 | 38.. | 35,4 | 68.. | 63,3 | 98.. | 91,3 |
| 9.. | 8,4 | 39.. | 36,3 | 69.. | 64,3 | 99.. | 92,2 |
| 10.. | 9,3 | 40.. | 37,3 | 70.. | 65,2 | 100.. | 93,1 |
| 11.. | 10,2 | 41.. | 38,2 | 71.. | 66,1 | 101.. | 94,1 |
| 12.. | 11,2 | 42.. | 39,1 | 72.. | 67,1 | 102.. | 95,0 |
| 13.. | 12,1 | 43.. | 40,0 | 73.. | 68,0 | 103.. | 95,9 |
| 14.. | 13,0 | 44.. | 41,0 | 74.. | 68,9 | 104.. | 96,9 |
| 15.. | 14,0 | 45.. | 41,9 | 75.. | 69,9 | 105.. | 97,8 |
| 16.. | 14,9 | 46.. | 42,8 | 76.. | 70,8 | 106.. | 98,7 |
| 17.. | 15,8 | 47.. | 43,8 | 77.. | 71,7 | 107.. | 99,7 |
| 18.. | 16,8 | 48.. | 44,7 | 78.. | 72,6 | 108.. | 100,6 |
| 19.. | 17,7 | 49.. | 45,6 | 79.. | 73,6 | 109.. | 101,5 |
| 20.. | 18,6 | 50.. | 46,6 | 80.. | 74,5 | 110.. | 102,5 |
| 21.. | 19,6 | 51.. | 47,5 | 81.. | 75,4 | 111.. | 103,4 |
| 22.. | 20,5 | 52.. | 48,4 | 82.. | 76,4 | 112.. | 104,3 |
| 23.. | 21,4 | 53.. | 49,4 | 83.. | 77,3 | 113.. | 105,2 |
| 24.. | 22,4 | 54.. | 50,3 | 84.. | 78,2 | 114.. | 106,2 |
| 25.. | 23,3 | 55.. | 51,2 | 85.. | 79,2 | 115.. | 107,1 |
| 26.. | 24,2 | 56.. | 52,2 | 86.. | 80,1 | 116.. | 108,0 |
| 27.. | 25,2 | 57.. | 53,1 | 87.. | 81,0 | 117.. | 109,0 |
| 28.. | 26,1 | 58.. | 54,0 | 88.. | 82,0 | 118.. | 109,9 |
| 29.. | 27,0 | 59.. | 55,0 | 89.. | 82,9 | 119.. | 110,8 |
| 30.. | 27,9 | 60.. | 55,9 | 90.. | 83,8 | 120.. | 111,8 |

*Suite de la table XV. Pour convertir les pintes de Paris en litres.*

| pintes | litres | pintes | litres | pintes | litres | pintes | litres |
|---|---|---|---|---|---|---|---|
| 121 | 112,7 | 151 | 140,6 | 181 | 168,6 | 211 | 196,5 |
| 122 | 113,6 | 152 | 141,6 | 182 | 169,5 | 212 | 197,4 |
| 123 | 114,6 | 153 | 142,5 | 183 | 170,4 | 213 | 198,4 |
| 124 | 115,5 | 154 | 143,4 | 184 | 171,4 | 214 | 199,3 |
| 125 | 116,4 | 155 | 144,4 | 185 | 172,3 | 215 | 200,2 |
| 126 | 117,4 | 156 | 145,3 | 186 | 173,2 | 216 | 201,2 |
| 127 | 118,3 | 157 | 146,2 | 187 | 174,2 | 217 | 202,1 |
| 128 | 119,2 | 158 | 147,2 | 188 | 175,1 | 218 | 203,0 |
| 129 | 120,1 | 159 | 148,1 | 189 | 176,0 | 219 | 204,0 |
| 130 | 121,1 | 160 | 149,0 | 190 | 177,0 | 220 | 204,9 |
| 131 | 122,0 | 161 | 149,9 | 191 | 177,9 | 221 | 205,8 |
| 132 | 122,9 | 162 | 150,9 | 192 | 178,8 | 222 | 206,8 |
| 133 | 123,9 | 163 | 151,8 | 193 | 179,7 | 223 | 207,7 |
| 134 | 124,8 | 164 | 152,7 | 194 | 180,7 | 224 | 208,6 |
| 135 | 125,7 | 165 | 153,7 | 195 | 181,6 | 225 | 209,5 |
| 136 | 126,7 | 166 | 154,6 | 196 | 182,5 | 226 | 210,5 |
| 137 | 127,6 | 167 | 155,5 | 197 | 183,5 | 227 | 211,4 |
| 138 | 128,5 | 168 | 156,5 | 198 | 184,4 | 228 | 212,3 |
| 139 | 129,5 | 169 | 157,4 | 199 | 185,3 | 229 | 213,3 |
| 140 | 130,4 | 170 | 158,3 | 200 | 186,3 | 230 | 214,2 |
| 141 | 131,3 | 171 | 159,3 | 201 | 187,2 | 231 | 215,1 |
| 142 | 132,3 | 172 | 160,2 | 202 | 188,1 | 232 | 216,1 |
| 143 | 133,2 | 173 | 161,1 | 203 | 189,1 | 233 | 217,0 |
| 144 | 134,1 | 174 | 162,1 | 204 | 190,0 | 234 | 217,9 |
| 145 | 135,0 | 175 | 163,0 | 205 | 190,9 | 235 | 218,9 |
| 146 | 136,0 | 176 | 163,9 | 206 | 191,9 | 236 | 219,8 |
| 147 | 136,9 | 177 | 164,8 | 207 | 192,8 | 237 | 220,7 |
| 148 | 137,8 | 178 | 165,8 | 208 | 193,7 | 238 | 221,7 |
| 149 | 138,8 | 179 | 166,7 | 209 | 194,7 | 239 | 222,6 |
| 150 | 139,7 | 180 | 167,6 | 210 | 195,6 | 240 | 223,5 |

*Suite de la table XV. Pour convertir les pintes de Paris en litres. — TABLE XVI. Pour convertir les petites mesures de la pinte.*

| pintes | litres | pintes | litres | pintes | litres | poissons | lit. |
|---|---|---|---|---|---|---|---|
| | | | | | | ½ | 0,06 |
| 241 | 224,5 | 271 | 252,4 | 310 | 288,7 | 1 | 0,12 |
| 242 | 225,4 | 272 | 253,3 | 320 | 298,0 | 2 | 0,23 |
| 243 | 226,3 | 273 | 254,3 | 330 | 307,3 | 3 | 0,35 |
| 244 | 227,2 | 274 | 255,2 | 340 | 316,7 | 1 chopine. | |
| 245 | 228,2 | 275 | 256,1 | 350 | 326,0 | 0 | 0,47 |
| 246 | 229,1 | 276 | 257,0 | 360 | 335,3 | 1 | 0,58 |
| 247 | 230,0 | 277 | 258,0 | 370 | 344,6 | 2 | 0,70 |
| 248 | 231,0 | 278 | 258,9 | 380 | 353,9 | 3 | 0,81 |
| 249 | 231,9 | 279 | 259,8 | 390 | 363,2 | 1 pinte. | |
| 250 | 232,8 | 280 | 260,8 | 400 | 372,5 | 0 | 0,93 |
| 251 | 233,8 | 281 | 261,7 | 410 | 381,8 | 1 | 1,05 |
| 252 | 234,7 | 282 | 262,6 | 420 | 391,1 | 2 | 1,16 |
| 253 | 235,6 | 283 | 263,6 | 430 | 400,4 | 3 | 1,28 |
| 254 | 236,6 | 284 | 264,5 | 440 | 409,7 | 1 p. et ch. | |
| 255 | 237,5 | 285 | 265,4 | 450 | 419,1 | 0 | 1,40 |
| 256 | 238,4 | 286 | 266,4 | 460 | 428,4 | 1 | 1,51 |
| 257 | 239,4 | 287 | 267,3 | 470 | 437,7 | 2 | 1,63 |
| 258 | 240,3 | 288 | 268,2 | 480 | 447,0 | 3 | 1,75 |
| 259 | 241,2 | 289 | 269,2 | 490 | 456,3 | 2 pintes. | |
| 260 | 242,1 | 290 | 270,1 | 500 | 465,7 | 0 | 1,86 |
| 261 | 243,1 | 291 | 271,0 | 510 | 475,0 | 1 | 1,98 |
| 262 | 244,0 | 292 | 271,9 | 520 | 484,3 | 2 | 2,09 |
| 263 | 244,9 | 293 | 272,9 | 530 | 493,6 | 3 | 2,21 |
| 264 | 245,9 | 294 | 273,8 | 540 | 503,0 | 2 p. et ch. | |
| 265 | 246,8 | 295 | 274,7 | 550 | 512,3 | 0 | 2,33 |
| 266 | 247,7 | 296 | 275,7 | 560 | 521,6 | 1 | 2,44 |
| 267 | 248,7 | 297 | 276,6 | 570 | 530,9 | 2 | 2,56 |
| 268 | 249,6 | 298 | 277,5 | 580 | 540,2 | 3 | 2,68 |
| 269 | 250,5 | 299 | 278,5 | 590 | 549,5 | | |
| 270 | 251,5 | 300 | 279,4 | 600 | 558,8 | | |

*Des mesures de capacité pour les matières*
*sèches.*

Les instrumens de mesurage pour le blé,
le seigle, etc. sont de forme cylindrique ; la
hauteur ou profondeur de chacune de ces
mesures doit être égale à son diamètre.
Ces mesures sont :

Le double hectolitre valant 1$^{\text{setier}}$ 3$^{\text{boiss.}}$ 6$^{\text{litrons}}$
de Paris.

L'hectolitre . . . . . . . . . . .7 . 11
Le demi-hectolitre...5 décalit. . 3 . 13 . $\frac{1}{2}$
Le double-décalitre . . . . . .1 . 8 . $\frac{2}{3}$
Le décalitre . . . . . . . . . . . 12 . $\frac{1}{3}$
Le demi-décalitre...5 litres. . . . 6 . $\frac{1}{6}$
Le double-litre. . . . . . . . . . 2 . $\frac{1}{2}$
Le litre . . . . . . . . . . . . . 1 . $\frac{1}{4}$
Le demi-litre . . . 5 décilitres . . . . . $\frac{5}{8}$
de litron.

Le double-décilitre . . . . . . . . . . $\frac{1}{4}$
Le décilitre. . . . . . . . . . . . . . $\frac{1}{8}$

Le kilolitre ou le nouveau muid , n'est
qu'une mesure de compte. Sa valeur est
d'environ 77 boisseaux ou 6 setiers 5 boisseaux de Paris.

*Tables XVII, XVIII et XIX. Pour la con-*
*version des setiers de Paris en hectolitres,*
*des boisseaux en décalitres et des litrons*
*en litres.*

Soient, par exemple, 147 setiers à convertir en hectolitres.

La table XVII donne:

        Pour  140 setiers...218$^{\text{hectolitres}}$ 54
Et pour     9 *idem*..... 14  ,     o5
                          ____________________
                 Somme...232  ,      59

La réponse est 232 hectolitres 59 litres,
qui équivalent à-peu-près à 23 kilolitres 26
décalitres.

Veut-on convertir 9 boisseaux $\frac{1}{4}$ en décalitres?

La table XVIII donnera sur-le-champ,
12 décalitres et 3 décilitres.

Soient 13 litrons $\frac{1}{2}$ à convertir en litres.

La table XIX donnera 11 litres pour réponse.

*Prix proportionnels.*

Le muid coûtant 100 francs, le kilolitre
vaut 53$^f$, 42$^c$.

Le setier coûtant 10 francs, l'hectolitre
vaut 6$^f$, 41$^c$.

Le boisseau coûtant 1 franc, le décalitre
vaut o$^f$, 77$^c$.

Le litron coûtant 1 franc, le litre vaut
1$^f$, 23$^c$.

*Observations.*

Il y a peu d'endroits en France, et même en Europe, où l'on ne connaisse le poids de la mesure de froment, lorsqu'il est passablement sec et de moyenne grosseur. Par exemple, à Paris on sait que le poids moyen du froment contenu dans un boisseau est d'environ 20 livres, poids de marc, qui répondent à 13 litres. C'est d'après cette base que la table XX a été calculée. Ainsi pour déterminer avec approximation le nombre de litres contenus dans une mesure quelconque, il suffira de chercher dans la table le poids du froment qu'elle peut contenir, et on saura combien cette mesure contient de litres.

Supposons, par exemple, que le froment contenu dans une certaine mesure pèse 74 livres, poids de marc ; on trouvera dans la table XX que ce nombre répond à 48,1. Ainsi cette mesure doit contenir environ 48 litres, c'est-à-dire, 4 décalitres et 8 litres.

La livre, poids de marc, est assez généralement en usage en France ; néanmoins il y a des départemens qui emploient des livres de 14, 15 onces, etc. Il faudra donc, avant de se servir de la table, évaluer le poids du pays en poids de marc.

*Remarque.*

Le setier , le boisseau et le litron ne sont [pas les seules mesures en usage à Paris ; il en est d'autres , telles que le muid, la mine et le minot qui servent à mesurer le charbon de bois , le sel, etc. Nous ne donnerons pas de tables particulières pour convertir ces mesures en mesures nouvelles, parce que l'on pourra toujours les évaluer en boisseaux d'après ce qui suit , et les convertir ensuite en mesures nouvelles.

|  | de grain. | d'avoine. | de sel. | de charbon de bois. |
|---|---|---|---|---|
| Le muid vaut | 144 boiss. | 288 | 192 | 320 |
| Le setier..... | 12 | 24 | 16 | 32 |
| La mine..... | 6 | 12 | 8 | 16 |
| Le minot..... | 3 | 6 | 4 | 8 |

La mine de charbon de bois est ce qu'on appelle la voie ; elle diffère peu de 21 décalitres.

La voie de charbon de terre est de 15 minots ou de 90 boisseaux.

Enfin , le sac de plâtre équivaut à deux boisseaux.

**TABLES XVII, XVIII et XIX.** *Pour convertir les setiers de Paris en hectolitres, les boisseaux en décalitres, et les litrons en litres.*

| setiers hectol. | fr. décal. | frac décal· | fr. litre | fr. litres· |
|---|---|---|---|---|
|  | ¼..0,33 | ¼.. 8,13 | ¼..0,2 | ½.. 5,3 |
| 1.. 1,561 | ½..0,65 | ½.. 8,46 | ½..0,4 | 7 litrons |
| 2.. 3,122 | ¾..0,98 | ¾.. 8,78 | ¾..0,6 | 0.. 5,7 |
| 3.. 4,683 | 1 boiss | 7 boiss. | 1 litron | ½.. 6,1 |
| 4.. 6,244 |  |  |  | 8 |
| 5.. 7,805 | 0..1,30 | 0.. 9,11 | 0..0,8 |  |
| 6.. 9,366 | ¼..1,63 | ¼.. 9,43 | ¼..1,0 | 0.. 6,5 |
| 7..10,927 | ½..1,95 | ½. 9,76 | ½..1,2 | ½.. 6,9 |
| 8..12,488 | ¾..2,28 | ¾..10,08 | ¾..1,4 |  |
| 9..14.049 | 2 | 8 | 2 | 0.. 7,3 |
| 10..15,610 | 0..2,60 | 0..10.41 | 0..1,6 | ½.. 7,7 |
| 11..17,171 | ¼..2,93 | ¼..10,73 | ¼..1,8 | 10 |
| 12..18,732 | ½..3,25 | ½..11,06 | ½..2,0 | 0.. 8,1 |
| 13..20,293 | ¾..3,58 | ¾..11,38 | ¾..2 2 | ½.. 8,5 |
| 14..21,854 | 3 | 9 | 3 | 11 |
| 15..23,415 |  |  |  |  |
| 16..24,976 | 0..3,90 | 0..11,71 | 0..2,4 | 0.. 8,9 |
| 17..26,537 | ¼..4,23 | ¼..12,03 | ¼..2,6 | ½.. 9,4 |
| 18..28,098 | ½..4,55 | ½..12,36 | ½..2.9 | 12 |
| 19..29,659 | ¾..4,88 | ¾..12,68 | ¾..3,1 | 0.. 9,8 |
| 20..31,220 | 4 | 10 | 4 | ½..10,2 |
| 21..32,781 | 0..5,20 | 0..13.01 | 0..3,3 | 13 |
| 22..34,342 | ¼..5,53 | ¼..13,33 | ¼..3,5 | 0..10,6 |
| 23..35,903 | ½..5,85 | ½..13,66 | ½..3,7 | ½..11,0 |
| 24..37,464 | ¾..6,18 | ¾..13,98 | ¾..3,9 | 14 |
| 25..39,025 | 5 | 11 | 5 | 0..11,4 |
| 26..40,586 |  |  |  | ½..11,8 |
| 27..42,147 | 0..6,50 | 0..14,31 | 0..4,1 | 15 |
| 28..43,708 | ¼..6,83 | ¼..14,63 | ¼..4,3 |  |
| 29..45,269 | ½..7,15 | ½..14,96 | ½..4,5 | 0..12,2 |
| 30..46,830 | ¾..7,48 | ¾..15,29 | ¾..4,7 | ½..12,6 |
| 40..62,440 | 6 | 12 | 6 | 16 |
| 50..78,050 | 0..7,81 | 0..15,61 | 0..4,9 | 0..13,0 |

**TABLE XX.** *Pour déterminer le nombre de litres contenus dans une mesure quelconque, d'après le poids du froment qu'elle contient.*

| livres pesant | lit. | livres pesant | lit. | livres pesant | lit. | livres pesant | litre | livres pesant | litres |
|---|---|---|---|---|---|---|---|---|---|
| $\frac{1}{4}$.. | 0,2 | 26.. | 16,9 | 54.. | 35,1 | 82.. | 53,3 | 110.. | 71,5 |
| $\frac{1}{2}$.. | 0,3 | 27.. | 17,6 | 55.. | 35,8 | 83.. | 54,0 | 111.. | 72,2 |
| $\frac{3}{4}$.. | 0,5 | 28.. | 18,2 | 56.. | 36,4 | 84.. | 54,6 | 112.. | 72,8 |
| 1.. | 0,7 | 29.. | 18,9 | 57.. | 37,1 | 85.. | 55,3 | 113.. | 73,5 |
| 2.. | 1,3 | 30.. | 19,5 | 58.. | 37,7 | 86.. | 55,9 | 114.. | 74,1 |
| 3.. | 2,0 | 31.. | 20,2 | 59.. | 38,4 | 87.. | 56,6 | 115.. | 74,8 |
| 4.. | 2,6 | 32.. | 20,8 | 60.. | 39,0 | 88.. | 57,2 | 116.. | 75,4 |
| 5.. | 3,3 | 33.. | 21,5 | 61.. | 39,7 | 89.. | 57,9 | 117.. | 76,1 |
| 6.. | 3,9 | 34.. | 22,1 | 62.. | 40,3 | 90.. | 58,5 | 118.. | 76,7 |
| 7.. | 4,6 | 35.. | 22,8 | 63.. | 41,0 | 91.. | 59,2 | 119.. | 77,4 |
| 8.. | 5,2 | 36.. | 23,4 | 64.. | 41,6 | 92.. | 59,8 | 120.. | 78,0 |
| 9.. | 5,9 | 37.. | 24,1 | 65.. | 42,3 | 93.. | 60,5 | 130.. | 84,6 |
| 10.. | 6,5 | 38.. | 24,7 | 66.. | 42,9 | 94.. | 61,1 | 140.. | 91,1 |
| 11.. | 7,2 | 39.. | 25,4 | 67.. | 43,6 | 95.. | 61,8 | 150.. | 97,6 |
| 12.. | 7,8 | 40.. | 26,0 | 68.. | 44,2 | 96.. | 62,4 | 160.. | 104,1 |
| 13.. | 8,5 | 41.. | 26,7 | 69.. | 44,9 | 97.. | 63,1 | 170.. | 110,6 |
| 14.. | 9,1 | 42.. | 27,3 | 70.. | 45,5 | 98.. | 63,7 | 180.. | 117,1 |
| 15.. | 9,8 | 43.. | 28,0 | 71.. | 46,2 | 99.. | 64,4 | 190.. | 123,6 |
| 16.. | 10,4 | 44.. | 28,6 | 72.. | 46,8 | 100.. | 65,0 | 200.. | 130,1 |
| 17.. | 11,1 | 45.. | 29,3 | 73.. | 47,5 | 101.. | 65,7 | 210.. | 136,6 |
| 18.. | 11,7 | 46.. | 29,9 | 74.. | 48,1 | 102.. | 66,3 | 220.. | 143,1 |
| 19.. | 12,4 | 47.. | 30,6 | 75.. | 48,8 | 103.. | 67,0 | 230.. | 149,6 |
| 20.. | 13,0 | 48.. | 31,2 | 76.. | 49,4 | 104.. | 67,6 | 240.. | 156,1 |
| 21.. | 13,7 | 49.. | 31,9 | 77.. | 50,1 | 105.. | 68,3 | 250.. | 162,6 |
| 22.. | 14,3 | 50.. | 32,5 | 78.. | 50,7 | 106.. | 68,9 | 300.. | 195,1 |
| 23.. | 15,0 | 51.. | 33,2 | 79.. | 51,4 | 107.. | 69,6 | 350.. | 227,6 |
| 24.. | 15,6 | 52.. | 33,8 | 80.. | 52,0 | 108.. | 70,2 | 400.. | 260, |
| 25.. | 16,3 | 53.. | 34,5 | 81.. | 52,7 | 109.. | 70,9 | 450.. | 292,7 |

*Des Poids.*

Il n'y a peut-être pas de mesure plus divisée que les poids. On se sert d'une série par-
ticulière de poids en fer pour les fortes pesées,
d'une seconde série en cuivre de laiton pour
les moyennes pesées, et d'une troisième série
en plaques de cuivre pour les petites pesées.
On pourrait encore y comprendre la série
pour les essais de l'or et de l'argent, dans
laquelle on trouve un poids qui n'est que la
256e. partie d'un grain, et qui est néanmoins
très-sensible dans l'espèce de balance dont on
se sert.

C'est sans doute à cause de cette grande division que l'on a pris pour unité générique,
appellée *gramme*, la millième partie du poids
d'un décimètre-cube d'eau distilée, qu'on
nomme *kilogramme*, et dont la valeur a été
trouvée de 2 livres 5 gros 35 grains $\frac{15}{100}$,
poids de marc. Ainsi le gramme diffère peu
de 18 grains $\frac{11}{16}$, et occupe à peu près le mi-
lieu entre les quatre séries dont on vient de
parler.

La série des poids en fer s'étend depuis
le double-myriagramme jusqu'au demi-hec-
togramme.

Celle des poids en cuivre s'étend depuis

le demi-kilogramme jusqu'au gramme ; quelques-uns de ces poids sont répétés , afin que
la série entière soit du poids d'un kilogramme ;
cette série est ordinairement renfermée dans
une boëte. Quelques fabriquans donnent à la
série la forme de l'ancien marc.

Enfin la série des poids en petites plaques ,
commence au demi-gramme et se termine
au centigramme ou au milligramme ; elle
est combinée de manière que le tout pèse
un gramme;

*Noms et valeurs des poids métriques.*

Le double-myriag. vaut $40^{liv}$.$13^{onc}$.$6^{gros}$.
Le myriagramme. , . 20 . 6 . 7
Le demi-myriag. $5^{kilog}$ . 10 . 3 . 3 . $\frac{1}{2}$
Le double-kilogram. . 4 . 1 . 3
Le kilogramme. . 2 . 0 . 5 . $35^{grains}$
Le demi-kilog.. $5^{hectog}$ . 1 . 0 . 2 . 53 . $\frac{1}{2}$
Le double-hectogramme . 6 . 4 . 21 . $\frac{1}{2}$
L'hectogramme. . 3 . 2 . 10 . $\frac{3}{4}$
Le demi-hectog. $5^{decag}$ . 1 . 5 . 5 . $\frac{3}{8}$
Le double-décagramme . 5 . 16 . $\frac{9}{16}$
Le décagramme . 2 . 44 . $\frac{1}{4}$
Le demi-décag. $5^{grammes}$ . 1 . 22 . $\frac{1}{8}$
Le double-gramme . 37 . $\frac{5}{8}$

Le

Le gramme . . . . . . . . . . . . . $18^{gra.}\frac{13}{16}$

Le demi-gramme $5^{decig.}$ . . . . . . . $9 . \frac{7}{16}$

Le double-décigramme . . . . . . . $3 . \frac{1}{4}$

Le décigramme. . . . . . . . . . $1 . \frac{7}{8}$

Le demi-décigramme $5^{centig.}$ . . . . . . . . $\frac{15}{16}$

Le double-centigramme . . . . . . . . . $\frac{3}{8}$

Le centigramme . . . . . . . . . . . . $\frac{3}{16}$

Si l'on veut, par exemple, exprimer $1^{kilog.}$ 75 avec les poids, on se servira du kilogramme, du 5 et du 2 hectogramme, et du 5 décagramme.

Pour avoir 9 hectogrammes, il faut employer les quatre poids numérotés 5.2.1.1 hectogrammes, et ainsi des autres.

*Tables XXI et XXII. Pour la conversion des livres, onces, etc., poids de marc, en kilogrammes ou en grammes.*

Dans ces tables, les grammes sont séparés par une virgule, et les kilogrammes par un point. Les valeurs qu'on y trouve sont exactes à moins d'un dixième de grain, ce qui est plus que suffisant pour convertir, avec un grand degré de précision, les pesées des matières précieuses, telles que l'or, l'argent, etc. Quant aux pesées des denrées qui n'exigent pas cette précision, on pourra

F

faire d'abord la conversion en grammes ; puis on négligera dans le résultat un , ou deux , ou un plus grand nombre des derniers chiffres de droite.

Passons à l'application de ces tables.

Quelqu'un désirerait avoir 4 livres et demie de viande ; que doit-il demander en poids nouveaux pour recevoir l'équivalent ?

La livre ancienne étant de 16 onces , la demi-livre vaut 8 onces. On cherchera donc, dans la table XXI , la valeur de 4 livres 8 onces , et on trouvera 2 kilogrammes et 2 hectogrammes environ. Les autres chiffres étant , dans ce cas , d'une très-petite valeur par rapport au prix de la viande , doivent être négligés.

Un épicier veut acheter 1600 livres pesant de savon ; que doit-il recevoir en poids métriques pour équivalent ?

Comme 1600 équivalent à 16 fois 100, on cherchera 16 livres dans la table XXI ; on trouvera 7 kil. 832. Pour avoir 100 fois cette valeur , on avancera le point décimal de deux chiffres vers la droite , et on aura pour 1600 livres , 783 kil. 2 décag.

Soit un lingot d'or de 7 marcs 3 onces 6 gros 19 grains. On demande le poids de ce lingot en poids métriques ?

( 71 )

La livre valant **2** marcs et le marc **8** onces, la quantité ci-dessus peut s'écrire ainsi :

3 livres 11 onces 6 gros 19 grains.

La table **XXI** donne :
Pour 3 livres 11 onces...1$^{kil.}$805$^{grammes}$o5

La table **XXII** donne :
Pour 6 gros 19 grains...    23 ,  96
________________________

Somme...1 . 829 ,   o1

Le poids du lingot est environ 1 kilog. 829 grammes ou 18 hectog. 29 grammes.

*Prix proportionnels.*

Le quintal coûtant 100 francs, les 5o kilog. vaudront 102$^f$, 15$^e$.

La livre coûtant 1 franc ; le kilogramme vaudra au plus 2$^f$,o5$^e$.

L'once coûtant 1 franc, l'hectogramme vaudra 3$^f$, 27$^e$.

Le gros coûtant 1 franc, le décagramme vaudra 2$^f$, 62$^e$.

Le grain coûtant 10 centimes, le décigramme vaudra o$^f$, 19$^e$.

Il résulte de ces différens prix :

Qu'en donnant pour chaque quintal 5o kilogrammes ou 5 myriagrammes, le prix total doit augmenter de $2 . \frac{1}{7}$ pour cent.

Que le prix du kilogramme est double,

F 2

plus un vingtième , de celui de la livre.

Que le prix de l'hectogramme diffère peu du triple, plus un quart, de celui de l'once.

Que le prix du décagramme est environ le double, plus deux tiers, de celui du gros.

Et que le prix du décigramme est double de celui du grain.

## TABLE XXI. *Pour convertir les livres et les onces, poids de marc, en kilogrammes*

| onces. | kil. gram. |
|---|---|
| 1 | 0.030,59 |
| 2 | 0.061,19 |
| 3 | 0.091,78 |
| 4 | 0.122,38 |
| 5 | 0.152,97 |
| 6 | 0.183,57 |
| 7 | 0.214,16 |
| 8 | 0.244,75 |
| 9 | 0.275,35 |
| 10 | 0.305,94 |
| 11 | 0.336,54 |
| 12 | 0.367,13 |
| 13 | 0.397,72 |
| 14 | 0.428,32 |
| 15 | 0.458,91 |

**I livre.**

| | |
|---|---|
| 0 | 0.489,51 |
| 1 | 0.520,10 |
| 2 | 0.550,69 |
| 3 | 0.581,29 |
| 4 | 0.611,88 |
| 5 | 0.642,48 |
| 6 | 0.673,07 |
| 7 | 0.703,67 |
| 8 | 0.734,26 |
| 9 | 0.764,85 |
| 10 | 0.795,45 |
| 11 | 0.826,04 |
| 12 | 0.856,64 |
| 13 | 0.887,23 |

| onc. | kil. gram. |
|---|---|
| 14 | 0.917,82 |
| 15 | 0.948,42 |

**2 livres.**

| | |
|---|---|
| 0 | 0.979,01 |
| 1 | 1.009,61 |
| 2 | 1.040,20 |
| 3 | 1.070,79 |
| 4 | 1.101,39 |
| 5 | 1.131,98 |
| 6 | 1.162,58 |
| 7 | 1.193,17 |
| 8 | 1.223,77 |
| 9 | 1.254,36 |
| 10 | 1.284,95 |
| 11 | 1.315,55 |
| 12 | 1.346,14 |
| 13 | 1.376,74 |
| 14 | 1.407,33 |
| 15 | 1.437,92 |

**3**

| | |
|---|---|
| 0 | 1.468,52 |
| 1 | 1.499,11 |
| 2 | 1.529,71 |
| 3 | 1.560,30 |
| 4 | 1.590,89 |
| 5 | 1.621,49 |
| 6 | 1.952,08 |
| 7 | 1.682,68 |
| 8 | 1.713,27 |
| 9 | 1.743,86 |
| 10 | 1.774,46 |

| onc. | kil. gram. |
|---|---|
| 11 | 1.805,05 |
| 12 | 1.835,65 |
| 13 | 1.866,24 |
| 14 | 1.896,84 |
| 15 | 1.927,43 |

**4 livres.**

| | |
|---|---|
| 0 | 1.958,02 |
| 1 | 1.988,62 |
| 2 | 2.019,21 |
| 3 | 2.049,81 |
| 4 | 2.080,40 |
| 5 | 2.110,99 |
| 6 | 2.141,59 |
| 7 | 2.172,18 |
| 8 | 2.202,78 |
| 9 | 2.233,37 |
| 10 | 2.263,96 |
| 11 | 2.294,56 |
| 12 | 2.325,15 |
| 13 | 2.355,75 |
| 14 | 2.386,34 |
| 15 | 2.416,94 |

**5**

| | |
|---|---|
| 0 | 2.447,53 |
| 1 | 2.478,12 |
| 2 | 2.508,72 |
| 3 | 2.539,31 |
| 4 | 2.569,91 |
| 5 | 2.600,50 |
| 6 | 2.631,09 |
| 7 | 2.661,69 |

*Suite de la table XXI. Pour convertir les livres et les onces, poids de marc , en kilogrammes.*

| onc. kil. gram. | onc. kil. gram. | onc. kil. gram. |
|---|---|---|
| 8..2.692,28 | 5..3.579,71 | 2..4.466,74 |
| 9..2.722,88 | 6..3.610,11 | 3..4.497,34 |
| 10..2.753,47 | 7..3.640,70 | 4..4.527,93 |
| 11..2.784,06 | 8..3.671,29 | 5..4.558,52 |
| 12..2.814,66 | 9..3.701,89 | 6..4.589,12 |
| 13..2.845,25 | 10..3.732,48 | 7..4.619,71 |
| 14..2.875,85 | 11..3.763,08 | 8..4.650,31 |
| 15..2.906,44 | 12..3.793,67 | 9..4.680,90 |
| **6** livres. | 13..3.824,26 | 10..4.711,49 |
| 0..2.937,04 | 14..3.854,86 | 11..4.742,09 |
| 1..2.967,63 | 15..3.885,44 | 12..4.772,68 |
| 2..2.998,22 | **8** livres. | 13..4.803,28 |
| 3..3.028,82 | 0..3.916,05 | 14..4.833,87 |
| 4..3.059,41 | 1..3.946,64 | 15..4.864,47 |
| 5..2.090,01 | 2..3.977,24 |  |
| 6..3.120,60 | 3..4.007,83 | **10** livres. |
| 7..3.151,19 | 4..4.038,42 |  |
| 8..3.181,79 | 5..4.069,02 | 0..4.895,06 |
| 9..3.212,38 | 6..4.099,61 | 1..4.925,65 |
| 10..3.242,98 | 7..4.130,21 | 2..4.956,25 |
| 11..3.273,57 | 8..4.160,80 | 3..4.986,84 |
| 12..3.304,16 | 9..4.191,39 | 4..5.017,43 |
| 13..3.334,76 | 10..4.221,99 | 5..5.048,03 |
| 14..3.365,35 | 11..4.252,58 | 6..5.078,62 |
| 15..3.395,95 | 12..4.283,18 | 7..5.109,22 |
| **7** | 13..4.313,77 | 8..5.139,81 |
| 0..3.426,54 | 14..4.344,37 | 9..5.170,41 |
| 1..3.457,14 | 15..4.374,96 | 10..5.201,00 |
| 2..3.487,73 | **9** | 11..5.231,59 |
| 3..3.518,32 | 0..4.405,55 | 12..5.262,19 |
| 4..3.548,92 | 1..4.436.15 | 13..5.292,77 |
|  |  | 14..5.323,37 |

*Suite de la table XXI. Pour convertir les livres et les onces, poids de marc, en kilogrammes.*

| onc. kil. gram. | onc. kil. gram. | onc. kil. gram. |
|---|---|---|
| 15..5.353,96 | 12..6.241,20 | 9..7.128,43 |
| **11 livres.** | 13..6.271,79 | 10..7.159,02 |
| 0..5.384,56 | 14..6.302,39 | 11..7.189,62 |
| 1..5.415,16 | 15..6.332,98 | 12..7.220,21 |
| 2..5.445,75 | **13 livres.** | 13..7.250,81 |
| 3..5.476,35 | 0..6.363,58 | 14..7.281,40 |
| 4..5.506,94 | 1..6.394,17 | 15..7.311,99 |
| 5..5.537,54 | 2..6.424,76 | **15 livres.** |
| 6..5.568,13 | 3..6.455,36 | 0..7.342,59 |
| 7..5.598,72 | 4..6.485,95 | 1..7.373,18 |
| 8..5.629,32 | 5..6.516,55 | 2..7.403,78 |
| 9..5.659,91 | 6..6.547,14 | 3..7.434,37 |
| 10..5.690,51 | 7..6.577,73 | 4..7.464,96 |
| 11..5.721,10 | 8..6.608,33 | 5..7.495,56 |
| 12..5.751,69 | 9..6.638,92 | 6..7.526,15 |
| 13..5.782,29 | 10..6.669,52 | 7..7.556,75 |
| 14..5.812,88 | 11..6.700,11 | 8..7.587,34 |
| 15..5.843,48 | 12..6.730,70 | 9..7.617,94 |
| **12** | 13..6.761,30 | 10..7.648,53 |
| 0..5.874,07 | 14..6.791,89 | 11..7.679,12 |
| 1..5.904,66 | 15..6.822,49 | 12..7.709,72 |
| 2..5.935,26 | **14** | 13..7.740,31 |
| 3..5.965,85 | 0..6.853,08 | 14..7.770,91 |
| 4..5.996,45 | 1..6.883,68 | 15..7.801,50 |
| 5..6.027,04 | 2..6.914,27 | **16** |
| 6..6.057,64 | 3..6.944,86 | 0..7.832,09 |
| 7..6.088,23 | 4..6.975,46 | 1..7.862,69 |
| 8..6.118,82 | 5..7.006,05 | 2..7.893,28 |
| 9..6.149,42 | 6..7.036,65 | 3..7.923,88 |
| 10..6.180,01 | 7..7.067,2. | 4..7.954,47 |
| 11..6.210,61 | 8..7.097,84 | 5..7.985,06 |

*Suite de la table XXI. Pour convertir les livres et les onces, poids de marc, en kilogrammes.*

| onc. | kil. | gram. |
|---|---|---|
| 6. | 8. | 015,66 |
| 7. | 8. | 046,25 |
| 8. | 8. | 076,85 |
| 9. | 8. | 107,44 |
| 10. | 8. | 138,03 |
| 11. | 8. | 168,63 |
| 12. | 8. | 199,22 |
| 13. | 8. | 229,82 |
| 14. | 8. | 260,41 |
| 15. | 8. | 291,01 |
| **17 livres.** | | |
| 0. | 8. | 321,60 |
| 1. | 8. | 352,19 |
| 2. | 8. | 382,79 |
| 3. | 8. | 413,38 |
| 4. | 8. | 443,98 |
| 5. | 8. | 474,57 |
| 6. | 8. | 505,16 |
| 7. | 8. | 535,76 |
| 8. | 8. | 566,35 |
| 9. | 8. | 596,95 |
| 10. | 8. | 627,54 |
| 11. | 8. | 658,13 |
| 12. | 8. | 688,73 |
| 13. | 8. | 719,32 |
| 14. | 8. | 749,92 |
| 15. | 8. | 780,51 |
| **18** | | |
| 0. | 8. | 811,11 |
| 1. | 8. | 841,70 |
| 2. | 8. | 872,29 |

| onc. | kil. | gram. |
|---|---|---|
| 3. | 8. | 902,89 |
| 4. | 8. | 933,48 |
| 5. | 8. | 964,08 |
| 6. | 8. | 994,67 |
| 7. | 9. | 025,26 |
| 8. | 9. | 055,86 |
| 9. | 9. | 086,45 |
| 10. | 9. | 117,05 |
| 11. | 9. | 147,64 |
| 12. | 9. | 178,23 |
| 13. | 9. | 208,83 |
| 14. | 9. | 239,42 |
| 15. | 9. | 270,02 |
| **19 livres.** | | |
| 0. | 9. | 300,61 |
| 1. | 9. | 331,21 |
| 2. | 9. | 361,80 |
| 3. | 9. | 392,39 |
| 4. | 9. | 422,99 |
| 5. | 9. | 453,58 |
| 6. | 9. | 484,18 |
| 7. | 9. | 514,77 |
| 8. | 9. | 545,36 |
| 9. | 9. | 575,96 |
| 10. | 9. | 606,55 |
| 11. | 9. | 637,15 |
| 12. | 9. | 667,74 |
| 13. | 9. | 698,34 |
| 14. | 9. | 728,93 |
| 15. | 9. | 759,52 |

| liv. | kil. | gram. |
|---|---|---|
| 20. | | 9.790 |
| 30. | | 14.685 |
| 40. | | 19.580 |
| 50. | | 24.475 |
| 60. | | 29.370 |
| 70. | | 34.265 |
| 80. | | 39.160 |
| 90. | | 44.056 |
| 100. | | 48.951 |
| 110. | | 53.846 |
| 120. | | 58.741 |
| 130. | | 63.636 |
| 140. | | 68.531 |
| 150. | | 73.426 |
| 160. | | 78.321 |
| 170. | | 83.216 |
| 180. | | 88.111 |
| 190. | | 93.006 |
| 200. | | 97.901 |
| 300. | | 146.852 |
| 400. | | 195.802 |
| 500. | | 244.753 |
| 600. | | 293.704 |
| 700. | | 342.654 |
| 800. | | 391.605 |
| 900. | | 440.555 |
| 1000. | | 489.506 |
| 2000. | | 979.012 |
| 3000. | | 1468.518 |
| 4000. | | 1958.024 |
| 5000. | | 2447.530 |
| 6000. | | 2937.036 |

## TABLE XXII. *Pour convertir les gros et les grains en grammes.*

| grains. | gram | grains. | gram. | grains. | gram. | grains. | gram. |
|---|---|---|---|---|---|---|---|
| | | | | | | | 1 gros. |
| 1.. | 0,05 | 31.. | 1,65 | 61.. | 3,24 | 17.. | 4,73 |
| 2.. | 0,11 | 32.. | 1,70 | 62.. | 3,29 | 18.. | 4,78 |
| 3.. | 0,16 | 33.. | 1,75 | 63.. | 3,35 | 19.. | 4,83 |
| 4.. | 0,21 | 34.. | 1,81 | 64.. | 3,40 | 20.. | 4,89 |
| 5.. | 0,27 | 35.. | 1,86 | 65.. | 3,45 | 21.. | 4,94 |
| 6.. | 0,32 | 36.. | 1,91 | 66.. | 3,51 | 22.. | 4 99 |
| 7.. | 0,37 | 37.. | 1,97 | 67.. | 3,56 | 23.. | 5,05 |
| 8.. | 0,43 | 38.. | 2,02 | 68.. | 3,61 | 24.. | 5,10 |
| 9.. | 0,48 | 39.. | 2,07 | 69.. | 3,67 | 25.. | 5,15 |
| 10.. | 0,53 | 40.. | 2,13 | 70.. | 3,72 | 26.. | 5,21 |
| 11.. | 0,58 | 41.. | 2,18 | 71.. | 3,77 | 27.. | 5,26 |
| 12.. | 0,64 | 42.. | 2,23 | | | 28.. | 5,31 |
| 13.. | 0,69 | 43.. | 2,28 | **1 gros.** | | 29.. | 5,36 |
| 14.. | 0,74 | 44.. | 2,34 | 0.. | 3,82 | 30.. | 5,42 |
| 15.. | 0,80 | 45.. | 2,39 | 1.. | 3,88 | 31.. | 5,47 |
| 16.. | 0,85 | 46.. | 2,44 | 2.. | 3,93 | 32.. | 5,52 |
| 17.. | 0,90 | 47.. | 2,50 | 3.. | 3,98 | 33.. | 5,58 |
| 18.. | 0,96 | 48.. | 2,55 | 4.. | 4,04 | 34.. | 5,63 |
| 19.. | 1,01 | 49.. | 2,60 | 5.. | 4,09 | 35.. | 5,68 |
| 20.. | 1,06 | 50.. | 2,66 | 6.. | 4,14 | 36.. | 5,74 |
| 21.. | 1,12 | 51.. | 2,71 | 7.. | 4,20 | 37.. | 5,79 |
| 22.. | 1,17 | 52.. | 2,76 | 8.. | 4,25 | 38.. | 5,84 |
| 23.. | 1,22 | 53.. | 2,82 | 9.. | 4,30 | 39.. | 5,90 |
| 24.. | 1,28 | 54.. | 2,87 | 10.. | 4,36 | 40.. | 5,95 |
| 25.. | 1,33 | 55.. | 2,92 | 11.. | 4,41 | 41.. | 6,00 |
| 26.. | 1,38 | 56.. | 2,97 | 12.. | 4,46 | 42.. | 6,06 |
| 27.. | 1,43 | 57.. | 3,03 | 13.. | 4,51 | 43.. | 6,11 |
| 28.. | 1,49 | 58.. | 3,08 | 14.. | 4,57 | 44.. | 6,16 |
| 29.. | 1,54 | 59.. | 3,13 | 15.. | 4,62 | 45.. | 6,21 |
| 30.. | 1,59 | 60.. | 3,19 | 16.. | 4,67 | 46.. | 6,27 |

*Suite de la table XXII. Pour convertir les gros et les grains en grammes.*

| grains gram. | grains gram. | grains gram. | grains gram. |
|---|---|---|---|
| **1 gros.** | **2 gros.** | **2 gros.** | **2 gros.** |
| 47 .. 6,32 | 3 .. 7,81 | 33 .. 9,40 | 63 .. 11,00 |
| 48 .. 6,37 | 4 .. 7,86 | 34 .. 9,46 | 64 .. 11,05 |
| 49 .. 6,43 | 5 .. 7,92 | 35 .. 9,51 | 65 .. 11,10 |
| 50 .. 6,48 | 7 .. 7,97 | 36 .. 9,56 | 66 .. 11,16 |
| 51 .. 6.53 | 7 .. 8,02 | 37 .. 9,61 | 67 .. 11,21 |
| 52 .. 6,59 | 8 .. 8,07 | 38 .. 9,67 | 68 .. 11,26 |
| 53 .. 6.64 | 9 .. 8,13 | 39 .. 9,72 | 69 .. 11,31 |
| 54 .. 6,69 | 10 .. 8,18 | 40 .. 9,77 | 70 .. 11,37 |
| 55 .. 6,75 | 11 .. 8,23 | 41 .. 9,83 | 71 .. 11,42 |
| 56 .. 6,80 | 12 .. 8,29 | 42 .. 9,88 | **3** |
| 57 .. 6,85 | 13 .. 8,34 | 43 .. 9,93 |  |
| 58 .. 6,91 | 14 .. 8,39 | 44 .. 9,99 | 0 .. 11,47 |
| 59 .. 6,96 | 15 .. 8,45 | 45 .. 10,04 | 1 .. 11,53 |
| 60 .. 7,01 | 16 .. 8,50 | 46 .. 10,09 | 2 .. 11,58 |
| 61 .. 7,06 | 17 .. 8,55 | 47 .. 10,15 | 3 .. 11,63 |
| 62 .. 7,12 | 18 .. 8,61 | 48 .. 10,20 | 4 .. 11,69 |
| 63 .. 7,17 | 19 .. 8,66 | 49 .. 10,25 | 5 .. 11,74 |
| 64 .. 7,22 | 20 .. 8,71 | 50 .. 10,31 | 6 .. 11,79 |
| 65 .. 7,28 | 21 .. 8,76 | 51 .. 10,36 | 7 .. 11,85 |
| 66 .. 7,33 | 22 .. 8,82 | 52 .. 10,41 | 8 .. 11.90 |
| 67 .. 7,38 | 23 .. 8,87 | 53 .. 10,46 | 9 .. 11,95 |
| 68 .. 7,44 | 24 .. 8,92 | 54 .. 10,52 | 10 .. 12,00 |
| 69 .. 7,49 | 25 .. 8,98 | 55 .. 10,57 | 11 .. 12,06 |
| 70 .. 7,54 | 26 .. 9,03 | 56 .. 10,62 | 12 .. 12,11 |
| 71 .. 7,60 | 27 .. 9,08 | 57 .. 10,68 | 13 .. 12,16 |
|  | 28 .. 9,14 | 58 .. 10,73 | 14 .. 12,22 |
| **2** | 29 .. 9,19 | 59 .. 10,78 | 15 .. 12,27 |
| 0 .. 7,65 | 30 .. 9,24 | 60 .. 10,84 | 16 .. 12,32 |
| 1 .. 7,70 | 31 .. 9,30 | 61 .. 10,89 | 17 .. 12,38 |
| 2 .. 7,76 | 32 .. 9,35 | 62 .. 10,94 | 18 .. 12,43 |

*Suite de la table XXII. Pour convertir les gros et les grains en grammes.*

| grains. | gram. | grains. | gram. | grains. | gram. | grains. | gram. |
|---|---|---|---|---|---|---|---|
| **3 gros.** | | **3 gros.** | | **4 gros.** | | **4 gros.** | |
| 19 | 12,48 | 49 | 14,08 | 4 | 15,51 | 34 | 17,10 |
| 20 | 12,54 | 50 | 14,13 | 5 | 15,56 | 35 | 17,16 |
| 21 | 12,59 | 51 | 14,18 | 6 | 15,62 | 36 | 17,21 |
| 22 | 12,64 | 52 | 14,24 | 7 | 15,67 | 37 | 17,26 |
| 23 | 12,70 | 53 | 14,29 | 8 | 15,72 | 38 | 17,32 |
| 24 | 12,75 | 54 | 14,34 | 9 | 15,78 | 39 | 17,37 |
| 25 | 12,80 | 55 | 14,39 | 10 | 15,83 | 40 | 17,42 |
| 26 | 12,85 | 56 | 14,45 | 11 | 15,88 | 41 | 17,48 |
| 27 | 12,91 | 57 | 14,50 | 12 | 15,94 | 42 | 17,53 |
| 28 | 12,96 | 58 | 14,55 | 13 | 15,99 | 43 | 17,58 |
| 29 | 13,01 | 59 | 14,61 | 14 | 16,04 | 44 | 17,64 |
| 30 | 13,07 | 60 | 14,66 | 15 | 16,10 | 45 | 17,69 |
| 31 | 13,12 | 61 | 14,71 | 16 | 16,15 | 46 | 17,74 |
| 32 | 13,17 | 62 | 14,77 | 17 | 16,20 | 47 | 17,79 |
| 33 | 13,23 | 63 | 14,82 | 18 | 16,25 | 48 | 17,85 |
| 34 | 13,28 | 64 | 14,87 | 19 | 16,31 | 49 | 17,90 |
| 35 | 13,33 | 65 | 14,93 | 20 | 16,36 | 50 | 17,95 |
| 36 | 13,39 | 66 | 14,98 | 21 | 16,41 | 51 | 18,01 |
| 37 | 13,44 | 67 | 15,03 | 22 | 16,47 | 52 | 18,06 |
| 38 | 13,49 | 68 | 15,09 | 23 | 16,52 | 53 | 18,11 |
| 39 | 13,54 | 69 | 15,14 | 24 | 16,57 | 54 | 18,17 |
| 40 | 13,60 | 70 | 15,19 | 25 | 16,63 | 55 | 18,22 |
| 41 | 13,65 | 71 | 15,24 | 26 | 16,68 | 56 | 18,27 |
| 42 | 13,70 | | | 27 | 16,73 | 57 | 18,33 |
| 43 | 13,76 | **4** | | 28 | 16,79 | 58 | 18,38 |
| 44 | 13,81 | | | 29 | 16,84 | 59 | 18,43 |
| 45 | 13,86 | 0 | 15,30 | 30 | 16,89 | 60 | 18,49 |
| 46 | 13,92 | 1 | 15,35 | 31 | 16,95 | 61 | 18,54 |
| 47 | 13,97 | 2 | 15,40 | 32 | 17,00 | 62 | 18,59 |
| 48 | 14,02 | 3 | 15,46 | 33 | 17,05 | 63 | 18,64 |

*Suite de la table XXII. Pour convertir les gros et les grains en grammes.*

| grains. gram. | grains. gram. | grains. gram. | grains. gram. |
|---|---|---|---|
| **4 gros.** | **5 gros.** | **5 gros.** | **6 gros.** |
| 64 . . 18,70 | 19 . . 20,13 | 49 . . 21,72 | 4 . . 23,16 |
| 65 . . 18,75 | 20 . . 20,18 | 50 . . 21,78 | 5 . . 23,21 |
| 66 . . 18,80 | 21 . . 20,24 | 51 . . 21,83 | 6 . . 23,27 |
| 67 . . 18,86 | 22 . . 20,29 | 52 . . 21,88 | 7 . . 23,32 |
| 68 . . 18,91 | 23 . . 20,34 | 53 . . 21,94 | 8 . . 23,37 |
| 69 . . 18,96 | 24 . . 20,40 | 54 . . 21,99 | 9 . . 23,42 |
| 70 . . 19,02 | 25 . . 20,45 | 55 . . 22,04 | 10 . . 23,48 |
| 71 . . 19,07 | 26 . . 20,50 | 56 . . 22,10 | 11 . . 23,53 |
|  | 27 . . 20,56 | 57 . . 22,15 | 12 . . 23,58 |
| **5** | 28 . . 20,61 | 58 . . 22,20 | 13 . . 23,64 |
|  | 29 . . 20,66 | 59 . . 22,26 | 14 . . 23,69 |
| 0 . . 19,12 | 30 . . 20,71 | 60 . . 22,31 | 15 . . 23,74 |
| 1 . . 19,17 | 31 . . 20,77 | 61 . . 22,36 | 16 . . 23,80 |
| 2 . . 19,23 | 32 . . 20,82 | 62 . . 22,41 | 17 . . 23,85 |
| 3 . . 19,28 | 33 . . 20,87 | 63 . . 22,47 | 18 . . 23,90 |
| 4 . . 19,33 | 34 . . 20,93 | 64 . . 22,52 | 19 . . 23,96 |
| 5 . . 19,39 | 35 . . 20,98 | 65 . . 22,57 | 20 . . 24,01 |
| 6 . . 19,44 | 36 . . 21,03 | 66 . . 22,63 | 21 . . 24,06 |
| 7 . . 19,49 | 37 . . 21,09 | 67 . . 22,68 | 22 . . 24,12 |
| 8 . . 19,55 | 38 . . 21,14 | 68 . . 22,73 | 23 . . 24,17 |
| 9 . . 19,60 | 39 . . 21,19 | 69 . . 22,79 | 24 . . 24,22 |
| 10 . . 19,65 | 40 . . 21,25 | 70 . . 22,84 | 25 . . 24,27 |
| 11 . . 19,71 | 41 . . 21,30 | 71 . . 22,89 | 26 . . 24,33 |
| 12 . . 19,76 | 42 . . 21,35 |  | 27 . . 24,38 |
| 13 . . 19,81 | 43 . . 21,41 | **6** | 28 . . 24,43 |
| 14 . . 19,87 | 44 . . 21,46 |  | 29 . . 24,49 |
| 15 . . 19,92 | 45 . . 21,51 | 0 . . 22,95 | 30 . . 24,54 |
| 16 . . 19,97 | 46 . . 21,56 | 1 . . 23,00 | 31 . . 24,59 |
| 17 . . 20,02 | 47 . . 21,62 | 2 . . 23,05 | 32 . . 24,65 |
| 18 . . 20,08 | 48 . . 21,67 | 3 . . 23,11 | 33 . . 24,70 |

*Suite*

*Suite de la table XXII. Pour convertir les gros et les grains en grammes.*

| grains gram. | grains gram. | grains gram. | grains gram. |
|---|---|---|---|
| 6 gros. | 6 gros. | 7 gros. | 7 gros. |
| 34..24,75 | 63..26,29 | 17..27,67 | 46..29,21 |
| 35..24,81 | 64..26,35 | 18..27,73 | 47..29,27 |
| 36..24,86 | 65..26,40 | 19..27,78 | 48..29,32 |
| 37..24,91 | 66..26,45 | 20..27,83 | 49..29,37 |
| 38..24,96 | 67..26,51 | 21..27,89 | 50..29,43 |
| 39..25,02 | 68..26,56 | 22..27,94 | 51..29,48 |
| 40..25,07 | 69..26,61 | 23..27,99 | 52..29,53 |
| 41..25,12 | 70..26,66 | 24..28,05 | 53..29,59 |
| 42..25,18 | 71..26,72 | 25..28,10 | 54..29,64 |
| 43..25,23 |  | 26..28,15 | 55..29,69 |
| 44..25,28 | 7 | 27..28,20 | 56..29,74 |
| 45..25,34 |  | 28..28,26 | 57..29,80 |
| 46..25,39 | 0..26,77 | 29..28,31 | 58..29,85 |
| 47..25,44 | 1..26,82 | 30..28,36 | 59..29,90 |
| 48..25,50 | 2..26,88 | 31..28,42 | 60..29,96 |
| 49..25,55 | 3..26,93 | 32..28,47 | 61..30,01 |
| 50..25,60 | 4..26,98 | 33..28,52 | 62..30,06 |
| 51..25,66 | 5..27,04 | 34..28,58 | 63..30,12 |
| 52..25,71 | 6..27,09 | 35..28,63 | 64..30,17 |
| 53..25,76 | 7..27,14 | 36..28,68 | 65..30,22 |
| 54..25,81 | 8..27,20 | 37..28,74 | 66..30,28 |
| 55..25,87 | 9..27,25 | 38..28,79 | 67..30,33 |
| 56..25,92 | 10..27,30 | 39..28,84 | 68..30,38 |
| 57..25,97 | 11..27,35 | 40..28,90 | 69..30,44 |
| 58..26,03 | 12..27,41 | 41..28,95 | 70..30,49 |
| 59..26,08 | 13..27,46 | 42..29,00 | 71..30,54 |
| 60..26,13 | 14..27,51 | 43..29,05 | 8 |
| 61..26,19 | 15..27,57 | 44..29,11 |  |
| 62..26,24 | 16..27,62 | 45..29,16 | 0..30,59 |

# DU TITRE DE L'OR

## ET DE L'ARGENT.

Si, après avoir pris et pesé une portion quelconque d'un lingot d'or ou d'argent, on parvient par une opération chimique [à épurer cette portion, en la dépouillant des métaux étrangers qu'elle peut contenir; le poids de la portion épurée, divisé par son poids primitif, exprimera le titre du lingot.

Le titre de l'or ou celui de l'argent n'est donc pas un poids proprement dit, mais simplement un rapport exprimé par une fraction plus petite que l'unité.

Cette unité à laquelle il est difficile d'atteindre est le titre de l'or pur, ou celui d'un métal quelconque qui ne renfermerait pas un atôme d'autre métal susceptible d'être mêlé avec lui. On représentait autrefois cette unité par 24 karats pour l'or, et par 12 deniers pour l'argent. Le karat se divisait en 32 parties, et le denier en 24 grains. Maintenant on conçoit cette unité divisée en 1000 parties, afin d'exprimer le titre de l'or ou de l'argent en millièmes.

D'après la loi du 19 brumaire an 6, l'or et l'argent sont réputés fin, lorsque le premier ne contient que la 2co<sup>e</sup> partie de son poids d'alliage, ou lorsqu'il est au titre de 995 millièmes, et quand le second ne contient qu'un 50<sup>e</sup> d'alliage, ou lorsqu'il est au titre de 980 millièmes.

Le titre des monnoies d'or fut fixé, en 1785, à 22 karats à la taille de 32 au marc. La pièce d'or de 24$^{tt}$ devrait donc peser deux gros ; mais le remède de loi de $\frac{12}{32}$ de fin et celui de poids fixé à 15 grains par marc, ont réduit le titre à 21 karats $\frac{20}{32}$ et le poids à 1 gros 71 grains $\frac{15}{32}$, c'est-à-dire à 2 gros moins un demi-grain environ.

Le titre des monnoies d'argent fut fixé par un édit antérieur à 11 deniers de fin et à la taille de 8 $\frac{3}{10}$ au marc pour les écus de 6 livres, ainsi chacune de ces pièces devrait peser 7 gros 51 grains environ ; mais le remède de loi de 3 grains de fin, et celui de poids fixé à 36 grains par marc, ne donnent pour le titre que 10 deniers 21 grains et pour le poids d'un écu de 6$^{tt}$, 7 gros 47 grains environ.

Les nouvelles monnoies d'or et d'argent seront au titre de $\frac{9}{10}$ de fin ou de 900 millièmes sans remède de poids. Suivant la loi du 28 thermidor an 3, la tolérance sur le titre des monnoies d'or est de 3 millièmes, et sur celui des monnaies d'argent de 7 millièmes : il n'y a encore en circulation que les pièces de

5 francs dont le poids est de 6 gros 39 grains environ, équivalent à 25 grammes.

La conversion de l'ancien titre de l'or se fera promptement par la table **XXIII**, et celle relative au titre de l'argent, par la table **XXIV**.

Qu'il soit question, par exemple, de convertir 20 karats $\frac{11}{32}$ en millièmes.

Par la table **XXIII**, 20 karats égalent 833,3

et $\frac{11}{32}$ . . . . . . . . . : 14,3

Somme . . . . 847,6

Réponse : 848 millièmes environ.

Proposons-nous de convertir 11$^{\text{d}}$ 21$^{\text{g}}$ en millièmes.

La table **XXIV** donne : pour 11$^{\text{d}}$ . . . . 916,7

et pour 21$^{\text{g}}$ . . . . 72,9

989.6

Réponse : 990 millièmes environ.

**TABLES XXIII** et **XXIV.** *Pour convertir les titres de l'or et de l'argent, en millièmes.*

| TITRE DE L'OR | TITRE DE L'OR | TITRE DE L'OR | TITRE DE L'ARG. |
|---|---|---|---|
| karats. millié. | 32^mes mill. | 32^mes. mill. | grains. mill. |
| 1 .. 41,7 | 1 .. 1,3 | 25 ... 32,5 | 1 ... 3,5 |
| 2 .. 83,3 | 2 .. 2,6 | 26 ... 33,9 | 2 ... 6,9 |
| 3 .. 125,0 | 3 .. 3,9 | 27 ... 35,2 | 3 ... 10,4 |
| 4 .. 166,7 | 4 .. 5,2 | 28 ... 36,5 | 4 ... 13,9 |
| 5 .. 208,3 | 5 .. 6,5 | 29 ... 37,8 | 5 ... 17,4 |
| 6 .. 250,0 | 6 .. 7,8 | 30 ... 39,1 | 6 ... 20,8 |
| 7 .. 291,7 | 7 .. 9,1 | 31 ... 40,4 | 7 ... 24,3 |
| 8 .. 333,3 | 8 .. 10,4 | 32 ... 41,7 | 8 ... 27,8 |
| 9 .. 375,0 | 9 .. 11,7 | **TITRE DE L'ARGENT** | 9 ... 31,2 |
| 10 .. 416,7 | 10 .. 13,0 | | 10 ... 34,7 |
| 11 .. 458,3 | 11 .. 14,3 | | 11 ... 38,2 |
| 12 .. 500,0 | 12 .. 15,6 | den. millièmes | 12 ... 41,7 |
| 13 .. 541,7 | 13 .. 16,9 | 1 .. 83,3 | 13 ... 45,1 |
| 14 .. 583,3 | 14 .. 18,2 | 2 .. 166,7 | 14 ... 48,6 |
| 15 .. 625,0 | 15 .. 19,5 | 3 .. 250,0 | 15 ... 52,1 |
| 16 .. 666,7 | 16 .. 20,8 | 4 .. 333,3 | 16 ... 55,6 |
| 17 .. 708,3 | 17 .. 22,1 | 5 .. 416,7 | 17 ... 59,0 |
| 18 .. 750,0 | 18 .. 23,4 | 6 .. 500,0 | 18 ... 62,5 |
| 19 .. 791,7 | 19 .. 24,7 | 7 .. 583,3 | 19 ... 66,0 |
| 20 .. 833,3 | 20 .. 26,0 | 8 .. 666,7 | 20 ... 69,4 |
| 21 .. 875,0 | 21 .. 27,3 | 9 .. 750,0 | 21 ... 72,9 |
| 22 .. 916,7 | 22 .. 28,6 | 10 .. 833,3 | 22 ... 76,4 |
| 23 .. 958,3 | 23 .. 29,9 | 11 .. 916,7 | 23 ... 79,9 |
| 24 .. 1000,0 | 24 .. 31,2 | 12 .. 1000,0 | 24 ... 83,3 |

## DES MONNAIES.

On compte maintenant par francs et centimes, le franc vaut 10 décimes et le décime
10 centimes; ainsi le franc vaut 100 centimes.

Une loi du 28 thermidor an 3, porte qu'il
y aura des pièces d'argent d'un, de deux et
de cinq francs; mais il n'a été fabriqué jusqu'à
présent, que des pièces de 5 francs. Il fut
aussi question d'introduire des pièces d'or du
poids d'un décagramme.

Voici les valeurs de toutes ces pièces.

### Or.

La pièce d'un décagramme pèse 2 gros
44 grains $\frac{1}{2}$, poids de marc.

### Argent.

La pièce de 5 francs pèse 25 grammes, et
vaut. . . . . . . . . . . . 5#. 1ˢ. 3ᵈ. tournois.

Celle de 2 francs pèse 10 grammes, et
vaut . . . . . . . . . . . . . 2#. 0ˢ. 6ᵈ.

Et celle d'un franc pèse 5 grammes, et
vaut . . . . . . . . . . . . . . 1#. 0ˢ. 3ᵈ.

### Cuivre.

La pièce d'un décime pèse 20 grammes,
et vaut environ . . . . . . . . . . . 2ˢ.

Celle de 5 centimes pèse 10 grammes, et vaut environ. . . . . . . . . . . . . . 1$^f$.

Et celle d'un centime pèse 2 grammes, et vaut environ . . . . . . . . . . . . . 0$^f$. 2$^{d}$. $\frac{1}{4}$

Les nouvelles monnaies d'argent peuvent au besoin servir de poids. Par exemple, 40 pièces de 5 francs font le kilogramme, 4 des mêmes pièces l'hectogramme, et la pièce de 2 francs le décagramme.

La monnaie de cuivre ne peut servir de poids, à moins que ce ne soit pour peser des objets de peu de valeur, étant moins exacte que la monnaie d'argent.

Tant que les anciennes monnaies seront en circulation, on aura souvent besoin de convertir les livres en francs, et les francs en livres; car d'après la loi du 17 floréal an 7, une obligation faite antérieurement au premier vendémiaire an 8, n'est payable qu'en livres tournois. Si donc, on veut payer avec des pièces de 5 francs, ou en centimes, ou en pièces de deux sols, portant l'ancien type, ou encore avec celles connues vulgairement sous le nom de monnaie grise, on est autorisé à convertir le montant de l'obligation en francs. Au contraire, si l'obligation est postérieure au 1$^{er}$. vendémiaire an 8, on est obligé de payer en francs, lorsque l'obligation le porte, ou de convertir les francs en livres tournois, quand le payement s'effectue en écus de 6 et 3$^{tt}$. ou en général en monnaie blanche quelconque, portant l'ancien type.

*Table XXV et XXVI. Pour la conversion des livres, sols et deniers en francs.*

Soient 806$^{tt}$. 13$^{s}$. 9$^{d}$. à convertir en francs.
La table XXV donne pour 800$^{tt}$...790$^{f}$,123
           Et pour    6$^{tt}$...  5,926
La table XXVI donne pour 13$^{s}$.9$^{d}$..  0,679

              Somme......796$^{f}$,728

Pour 806$^{tt}$. 13$^{s}$. 9$^{d}$. , il faut donc payer en francs, 796$^{f}$,73$^{c}$.

Soient 90 francs à convertir en livres tournois.

On trouve dans la table XXV. que ce nombre correspond à 91$^{tt}$. égalent 89$^{f}$. 877 ; soustrayant ce dernier nombre de 90$^{f}$. et cherchant le reste 0$^{f}$, 123. dans la table XXVI, on trouvera qu'il répond à    2$^{s}$. 6$^{d}$.

Ainsi 90 francs valent 91$^{tt}$. 2$^{s}$. 6$^{d}$.

## TABLE. XXV. *Pour convertir les livres tournois en francs.*

| livres. francs. | livres. francs. | livres. francs. | livres francs. |
|---|---|---|---|
| 1.. 0,988 | 28..27,654 | 55..54,321 | 82.. 80,988 |
| 2.. 1,975 | 29..28,641 | 56..55,309 | 83.. 81,975 |
| 3.. 2,963 | 30..29,630 | 57..56,296 | 84.. 82,963 |
| 4.. 3,951 | 31..30,617 | 58..57,284 | 85.. 83,951 |
| 5.. 4,938 | 32..31,605 | 59..58,272 | 86.. 84,938 |
| 6.. 5,926 | 33..32,593 | 60..59,259 | 87.. 85,926 |
| 7.. 6,914 | 34..33.580 | 61..60,247 | 88.. 86,914 |
| 8.. 7,901 | 35..34,568 | 62..61,235 | 89.. 87,901 |
| 9.. 8,889 | 36..35,556 | 63..62,222 | 90.. 88,889 |
| 10.. 9,877 | 37..36,543 | 64..63,210 | 91.. 89,877 |
| 11..10,864 | 38..37,531 | 65..64,198 | 92.. 90,864 |
| 12..11,852 | 39..38,519 | 66..65,185 | 93.. 91,852 |
| 13..12,840 | 40..39,506 | 67..66,173 | 94.. 92,840 |
| 14..13,827 | 41..40,494 | 68..67,160 | 95.. 93,827 |
| 15..14,815 | 42..41,481 | 69..68,148 | 96.. 94,815 |
| 16..15,802 | 43..42,469 | 70..69,136 | 97.. 95,802 |
| 17..16,790 | 44..43,457 | 71..70,123 | 98.. 96,790 |
| 18..17,778 | 45..44,444 | 72..71,111 | 99.. 97,778 |
| 19..18,765 | 46..45,432 | 73..72,099 | 100.. 98,765 |
| 20..19,753 | 47..46,420 | 74..73,086 | 200..197,531 |
| 21..20,741 | 48..47,408 | 75..74,074 | 300..296,296 |
| 22..21,728 | 49..48,395 | 76..75,062 | 400..395,062 |
| 23..22,716 | 50..49,383 | 77..76,049 | 500..493,827 |
| 24..23,704 | 51..50,370 | 78..77,037 | 600..592,593 |
| 25..24,691 | 52..51,358 | 79..78,025 | 700..691,358 |
| 26..25,679 | 53..52,346 | 80..79,012 | 800..790,123 |
| 27..26,667 | 54..53,333 | 81..80,000 | 900..888,889 |

# TABLE XXVI. *Pour convertir les sols et les deniers, en parties du franc.*

| den. | francs. | den. | francs. | den. | francs. | den. | francs. |
|---|---|---|---|---|---|---|---|
| 1 | 0,004 | 7 | 0,128 | 1 | 0,251 | 7 | 0,374 |
| 2 | 0,008 | 8 | 0,132 | 2 | 0,255 | 8 | 0,379 |
| 3 | 0,012 | 9 | 0,136 | 3 | 0,259 | 9 | 0,383 |
| 4 | 0,016 | 10 | 0,140 | 4 | 0,263 | 10 | 0,387 |
| 5 | 0,021 | 11 | 0,144 | 5 | 0,267 | 11 | 0,391 |
| 6 | 0,025 | **3 sous.** | | 6 | 0,272 | **8 sous.** | |
| 7 | 0,029 | 0 | 0,148 | 7 | 0,276 | 0 | 0,395 |
| 8 | 0,033 | 1 | 0,152 | 8 | 0,280 | 1 | 0,399 |
| 9 | 0,037 | 2 | 0,156 | 9 | 0,284 | 2 | 0,403 |
| 10 | 0,041 | 3 | 0,160 | 10 | 0,288 | 3 | 0,407 |
| 11 | 0,045 | 4 | 0,165 | 11 | 0,292 | 4 | 0,411 |
| **I sou.** | | 5 | 0,169 | **6 sous.** | | 5 | 0,416 |
| 0 | 0,049 | 6 | 0,173 | 0 | 0,296 | 6 | 0,420 |
| 1 | 0,053 | 7 | 0,177 | 1 | 0,300 | 7 | 0,424 |
| 2 | 0,058 | 8 | 0,181 | 2 | 0,304 | 8 | 0,428 |
| 3 | 0,062 | 9 | 0,185 | 3 | 0,309 | 9 | 0,432 |
| 4 | 0,066 | 10 | 0,189 | 4 | 0,313 | 10 | 0,436 |
| 5 | 0,070 | 11 | 0,193 | 5 | 0,317 | 11 | 0,440 |
| 6 | 0,074 | **4** | | 6 | 0,321 | **9** | |
| 7 | 0,078 | 0 | 0,197 | 7 | 0,325 | 0 | 0,444 |
| 8 | 0,082 | 1 | 0,202 | 8 | 0,329 | 1 | 0,448 |
| 9 | 0,086 | 2 | 0,206 | 9 | 0,333 | 2 | 0,453 |
| 10 | 0,091 | 3 | 0,210 | 10 | 0,337 | 3 | 0,457 |
| 11 | 0,095 | 4 | 0,214 | 11 | 0,342 | 4 | 0,461 |
| **2** | | 5 | 0,218 | **7** | | 5 | 0,465 |
| 0 | 0,099 | 6 | 0,222 | 0 | 0,346 | 6 | 0,469 |
| 1 | 0,103 | 7 | 0,226 | 1 | 0,350 | 7 | 0,473 |
| 2 | 0,107 | 8 | 0,230 | 2 | 0,354 | 8 | 0,477 |
| 3 | 0,111 | 9 | 0,234 | 3 | 0,358 | 9 | 0,481 |
| 4 | 0,115 | 10 | 0,239 | 4 | 0,362 | 10 | 0,486 |
| 5 | 0,119 | 11 | 0,243 | 5 | 0,366 | 11 | 0,490 |
| 6 | 0,123 | **5** | | 6 | 0,370 | **10** | |
| | | 0 | 0,247 | | | 0 | 0,494 |

Suite de la table XXVI. Pour convertir les sous
et les deniers en parties du franc.

| den. | francs. | den. | francs. | den. | francs. | den. | francs. |
|---|---|---|---|---|---|---|---|
| 1 | 0,498 | 7 | 0,621 | 1 | 0,745 | 7 | 0,868 |
| 2 | 0,502 | 8 | 0,625 | 2 | 0,749 | 8 | 0,872 |
| 3 | 0,506 | 9 | 0,630 | 3 | 0,753 | 9 | 0,877 |
| 4 | 0,510 | 10 | 0,634 | 4 | 0,757 | 10 | 0,881 |
| 5 | 0,514 | 11 | 0,638 | 5 | 0,761 | 11 | 0,885 |
| 6 | 0,518 | **13 sous.** | | 6 | 0,765 | **18 sous.** | |
| 7 | 0,523 | 0 | 0,642 | 7 | 0,769 | 0 | 0,889 |
| 8 | 0,527 | 1 | 0,646 | 8 | 0,774 | 1 | 0,893 |
| 9 | 0,531 | 2 | 0,650 | 9 | 0,778 | 2 | 0,897 |
| 10 | 0,535 | 3 | 0,654 | 10 | 0,782 | 3 | 0,901 |
| 11 | 0,539 | 4 | 0,658 | 11 | 0,786 | 4 | 0,905 |
| **11 sous** | | 5 | 0,662 | **16 sous.** | | 5 | 0,909 |
| 0 | 0,543 | 6 | 0,667 | 0 | 0,790 | 6 | 0,914 |
| 1 | 0,547 | 7 | 0,671 | 1 | 0,794 | 7 | 0,918 |
| 2 | 0,551 | 8 | 0,675 | 2 | 0,798 | 8 | 0,922 |
| 3 | 0,556 | 9 | 0,679 | 3 | 0,802 | 9 | 0,926 |
| 4 | 0,560 | 10 | 0,683 | 4 | 0,807 | 10 | 0,930 |
| 5 | 0,564 | 11 | 0,687 | 5 | 0,811 | 11 | 0,934 |
| 6 | 0,568 | **14** | | 6 | 0,815 | **19** | |
| 7 | 0,572 | 0 | 0,691 | 7 | 0,819 | 0 | 0,938 |
| 8 | 0,576 | 1 | 0,695 | 8 | 0,823 | 1 | 0,942 |
| 9 | 0,580 | 2 | 0,700 | 9 | 0,827 | 2 | 0,946 |
| 10 | 0,584 | 3 | 0,704 | 10 | 0,831 | 3 | 0,950 |
| 11 | 0,588 | 4 | 0,708 | 11 | 0,835 | 4 | 0,955 |
| **12** | | 5 | 0,712 | **17** | | 5 | 0,959 |
| 0 | 0,593 | 6 | 0,716 | 0 | 0,839 | 6 | 0,963 |
| 1 | 0,597 | 7 | 0,720 | 1 | 0,844 | 7 | 0,967 |
| 2 | 0,601 | 8 | 0,724 | 2 | 0,848 | 8 | 0,971 |
| 3 | 0,605 | 9 | 0,728 | 3 | 0,852 | 9 | 0,975 |
| 4 | 0,609 | 10 | 0,732 | 4 | 0,856 | 10 | 0,979 |
| 5 | 0,613 | 11 | 0,737 | 5 | 0,860 | 11 | 0,983 |
| 6 | 0,617 | **15** | | 6 | 0,864 | **20** | |
| | | 0 | 0,741 | | | 0 | 0,988 |

*Table pour trouver la valeur d'un certain nombre de choses , à tant la chose.*

Cette table contient dans chaque page , la suite des nombres 1. 2. 3. etc. jusqu'à 100. Les nombres croissent ensuite de cent en cent, puis de mille en mille, etc. Le dernier nombre est 30000.

En tête de chaque page , on trouve le prix de la chose, et ce prix varie de centimes en centimes, depuis 1. jusqu'à 99 centimes.

Dans chaque produit ou compte-fait, une virgule sépare les francs d'avec les centimes, ainsi les deux derniers chiffres de droite, expriment des centimes, et les autres chiffres, des francs.

Par exemple, veut-on connaître quelle est la valeur de 79 kilogrammes, à 85 centimes le kilogramme ?

On trouvera dans la page en tête de laquelle est 85 centimes et vis-à-vis de 79, la somme de 67 francs 15 centimes.

Si l'on considère les centimes qui sont en tête de chaque page , comme un nombre de francs , on doit aussi regarder chaque résultat comme un nombre de francs ; cette supposition exige donc la suppression de la virgule.

Par exemple, s'il est question de trouver

la

la valeur de 87 kilogrammes à 38 francs le
kilogramme, on trouvera d'abord que 87 kilogrammes à 38 centimes font 33$^f$, 06. supprimant donc la virgule, on aura 3306$^f$. pour
la valeur de 87 kilogrammes à 38 francs.

Si le prix contient des francs et des centimes, on aura au moins deux quantités à
réunir par l'addition. Par exemple, pour
avoir la valeur de 53 mètres à 17$^f$. 46$^c$. le
mètre on trouvera.

Pour 53 à 17$^f$ . . . . . . 901$^f$
Et pour 53 à 45$^c$ . . . . . . 23$^f$,85$^c$.
________________
Réponse . . . . . 924$^f$,85$^c$.

Qu'il soit question d'avoir la valeur de
8093 stères, à 9$^f$, 85$^c$. le stère.

Opération
$$\begin{cases} 8000^{\text{stères}} & \text{à} \quad 9^f \text{ font } 72000^f \\ 93 & \text{à} \quad 9^f \ . \ . \quad 837 \\ 8000 & \text{à } 85^{\text{centimes}} \quad 6800 \\ 93 & \text{à } 85^{\text{centimes}} \quad 79, 05 \end{cases}$$
________________
Réponse . . . . . 79716$^f$,05$^{\text{cent.}}$

Enfin, si la quantité de choses dont on
cherche la valeur renferme des décimales,
on opérera comme si elle n'en renfermait
point ; mais après l'opération, il ne faut pas
oublier de reculer la virgule, dans le produit,
d'autant de chiffres vers la gauche, qu'il y
aura de décimales dans la quantité proposée.

Par exemple, pour trouver la valeur de

<br>
II

9 mètres 43 centimètres, à 27f. 35c. le mètre.
On cherchera la valeur de 943, et on aura :

$$
\begin{array}{ll}
900 \text{ à } 27^f \cdot \text{ font. } & 24300 \\
43 \text{ à } 27^f \cdot \ldots \ldots & 1161 \\
900 \text{ à } 35^c \ldots \ldots & 315 \\
43 \text{ à } 35^c \ldots \ldots & 15{,}05 \\
\hline
\text{Somme} \ldots \ldots & 25791{,}05
\end{array}
$$

Comme 9 mètres 43 centimètres renferme deux chiffres décimaux ; on reculera, dans le produit 25791 , 05, la virgule de deux chiffres, vers la gauche et on aura 257f. 91c. environ pour la valeur de 9 mètres 43 centimètres, à 27f. 35c. le mètre.

*A* 1 *centime la chose.*

| val. f. c. | val. f. c. | val. f. c. | valent f. c. |
|---|---|---|---|
| 1..0,02 | 31..0,31 | 61..0,61 | 91.. 0,91 |
| 2..0,02 | 32..0,32 | 62..0,62 | 92.. 0,92 |
| 3..0,03 | 33..0,33 | 63..0,63 | 93.. 0,93 |
| 4..0,04 | 34..0,34 | 64..0,64 | 94.. 0,94 |
| 5..0,05 | 35..0,35 | 65..0,65 | 95.. 0,95 |
| 6..0,06 | 36..0,36 | 66..0,66 | 96.. 0,96 |
| 7..0,07 | 37..0,37 | 67..0,67 | 97.. 0,97 |
| 8..0,08 | 38..0,38 | 68..0,68 | 98.. 0,98 |
| 9..0,09 | 39..0,39 | 69..0,69 | 99.. 0,99 |
| 10..0,10 | 40..0,40 | 70..0,70 | 100.. 1,00 |
| 11..0,11 | 41..0,41 | 71..0,71 | 200.. 2,00 |
| 12..0,12 | 42..0,42 | 72..0,72 | 300.. 3,00 |
| 13..0,13 | 43..0,43 | 73..0,73 | 400.. 4,00 |
| 14..0,14 | 44..0,44 | 74..0,74 | 500.. 5,00 |
| 15..0,15 | 45..0,45 | 75..0,75 | 600.. 6,00 |
| 16..0,16 | 46..0,46 | 76..0,76 | 700.. 7,00 |
| 17..0,17 | 47..0,47 | 77..0,77 | 800.. 8,00 |
| 18..0,18 | 48..0,48 | 78..0,78 | 900.. 9,00 |
| 19..0,19 | 49..0,49 | 79..0,79 | 1000.. 10,00 |
| 20..0,20 | 50..0,50 | 80..0,80 | 2000.. 20,00 |
| 21..0,21 | 51..0,51 | 81..0,81 | 3000.. 30,00 |
| 22..0,22 | 52..0,52 | 82..0,82 | 4000.. 40,00 |
| 23..0,23 | 53..0,53 | 83..0,83 | 5000.. 50,00 |
| 24..0,24 | 54..0,54 | 84..0,84 | 6000.. 60,00 |
| 25..0,25 | 55..0,55 | 85..0,85 | 7000.. 70,00 |
| 26..0,26 | 56..0,56 | 86..0,86 | 8000.. 80,00 |
| 27..0,27 | 57..0,57 | 87..0,87 | 9000.. 90,00 |
| 28..0,28 | 58..0,58 | 88..0,88 | 10000..100,00 |
| 29..0,29 | 59..0,59 | 89..0,89 | 20000..200,00 |
| 30..0,30 | 60..0.60 | 90..0,90 | 30000..300.00 |

1 centime par jour fait par an , 3 fr. 65 c,

*A 2 centimes la chose.*

| val. f. c. | val. f. c. | val. f c. | valent f. c. |
|---|---|---|---|
| 1..0,02 | 31..0,62 | 61..1,22 | 91.. 1,82 |
| 2..0,04 | 32..0,64 | 62..1,24 | 92.. 1,84 |
| 3..0,06 | 33..0,66 | 63..1,26 | 93.. 1,86 |
| 4..0,08 | 34..0,68 | 64..1,28 | 94.. 1,88 |
| 5..0,10 | 35..0,70 | 65..1,30 | 95.. 1,90 |
| 6..0,12 | 36..0,72 | 66..1,32 | 96.. 1,92 |
| 7..0,14 | 37..0,74 | 67..1,34 | 97.. 1,94 |
| 8..0,16 | 38..0,76 | 68..1,36 | 98.. 1,96 |
| 9..0,18 | 39..0,78 | 69..1,38 | 99.. 1,98 |
| 10..0,20 | 40..0,80 | 70..1,40 | 100.. 2,00 |
| 11..0,22 | 41..0,82 | 71..1,42 | 200.. 4,00 |
| 12..0,24 | 42..0,84 | 72..1,44 | 300.. 6,00 |
| 13..0,26 | 43..0,86 | 73..1,46 | 400.. 8,00 |
| 14..0,28 | 44..0,88 | 74..1,48 | 500.. 10,00 |
| 15..0,30 | 45..0,90 | 75..1,50 | 600.. 12,00 |
| 16..0,32 | 46..0,92 | 76..1,52 | 700.. 14,00 |
| 17..0,34 | 47..0,94 | 77..1,54 | 800.. 16,00 |
| 18..0,36 | 48..0,96 | 78..1,56 | 900.. 18,00 |
| 19..0,38 | 49..0,98 | 79..1,58 | 1000.. 20,00 |
| 20..0,40 | 50..1,00 | 80..1,60 | 2000.. 40,00 |
| 21..0,42 | 51..1,02 | 81..1,62 | 3000.. 60,00 |
| 22..0,44 | 52..1,04 | 82..1,64 | 4000.. 80,00 |
| 23..0,46 | 53..1,06 | 83..1,66 | 5000..100,00 |
| 24..0,48 | 54..1,08 | 84..1,68 | 6000..120,00 |
| 25..0,50 | 55..1,10 | 85..1,70 | 7000..140,00 |
| 26..0,52 | 56..1,12 | 86..1,72 | 8000..160,00 |
| 27..0,54 | 57..1,14 | 87..1,74 | 9000..180,00 |
| 28..0,56 | 58..1,16 | 88..1,76 | 10000..200,00 |
| 29..0,58 | 59..1,18 | 89..1,78 | 20000..400,00 |
| 30..0,60 | 60..1,20 | 90..1,80 | 30000..600,00 |

2 centimes par jour font par an, 7 f. 30 c.

*A 3 centimes la chose.*

| val. f. c. | val. f. c. | val. f. c. | valent f. c. |
|---|---|---|---|
| 1..0,03 | 31..0,93 | 61..1,83 | 91.. 2,73 |
| 2..0,06 | 32..0,96 | 62..1,86 | 92.. 2,76 |
| 3..0,09 | 33..1,99 | 63..1,89 | 93.. 2,79 |
| 4..0,12 | 34..1,02 | 64..1,92 | 94.. 2,82 |
| 5..0,15 | 35..1,05 | 65..1,95 | 95.. 2,85 |
| 6..0,18 | 36..1,08 | 66..1,98 | 96.. 2,88 |
| 7..0,21 | 37..1,11 | 67..2,01 | 97.. 2,91 |
| 8..0,24 | 38..1,14 | 68..2,04 | 98.. 2,94 |
| 9..0,27 | 39..1,17 | 69..2,07 | 99.. 2,97 |
| 10..0,30 | 40..1,20 | 70..2,10 | 100.. 3,00 |
| 11..0,33 | 41..1,23 | 71..2,13 | 200.. 6,00 |
| 12..0,36 | 42..1,26 | 72..2,16 | 300.. 9,00 |
| 13..0,39 | 43..1,29 | 73..2,19 | 400.. 12,00 |
| 14..0,42 | 44..1,32 | 74..2,22 | 500.. 15,00 |
| 15..0,45 | 45..1,35 | 75..2,25 | 600.. 18,00 |
| 16..0,48 | 46..1,38 | 76..2,28 | 700.. 21,00 |
| 17..0,51 | 47..1,41 | 77..2,31 | 800.. 24,00 |
| 18..0,54 | 48..1,44 | 78..2,34 | 900.. 27,00 |
| 19..0,57 | 49..1,47 | 79..2,37 | 1000.. 30,00 |
| 20..0,60 | 50..1,50 | 80..2,40 | 2000.. 60,00 |
| 21..0,63 | 51..1,53 | 81..2,43 | 3000.. 90,00 |
| 22..0,66 | 52..1,56 | 82..2,46 | 4000..120,00 |
| 23..0,69 | 53..1,59 | 83..2,49 | 5000..150,00 |
| 24..0,72 | 54..1,62 | 84..2,52 | 6000..180,00 |
| 25..0,75 | 55..1,65 | 85..2,55 | 7000..210,00 |
| 26..0,78 | 56..1,68 | 86..2,58 | 8000..240,00 |
| 27..0,81 | 57..1,71 | 87..2,61 | 9000..270,00 |
| 28..0,84 | 58..1,74 | 88..2,64 | 10000..300,00 |
| 29..0,87 | 59..1,77 | 89..2,67 | 20000..600,00 |
| 30..0,90 | 60..1,80 | 90..2,70 | 30000..900,00 |

3 centimes par jour font par an, 10 f. 95 c.

H 3

*A 4 centimes la chose.*

| val. f. c. | val. f. c. | val. f. c. | valent f. c. |
|---|---|---|---|
| 1..0,04 | 31..1,24 | 61..2,44 | 91.. 3,64 |
| 2..0,08 | 32..1,28 | 62..2,48 | 92.. 3,68 |
| 3..0,12 | 33..1,32 | 63..2,52 | 93.. 3,72 |
| 4..0,16 | 34..1,36 | 64..2,56 | 94.. 3,76 |
| 5..0,20 | 35..1,40 | 65..2,60 | 95.. 3,80 |
| 6..0,24 | 36..1,44 | 66..2,64 | 96.. 3,84 |
| 7..0,28 | 37..1,48 | 67..2,68 | 97.. 3,88 |
| 8..0,32 | 38..1,52 | 68..2,72 | 98.. 3,92 |
| 9..0,36 | 39..1,56 | 69..2,76 | 99.. 3,96 |
| 10..0,40 | 40..1,60 | 70..2,80 | 100.. 4,00 |
| 11..0,44 | 41..1,64 | 71..2,84 | 200.. 8,00 |
| 12..0,48 | 42..1,68 | 72..2,88 | 300.. 12,00 |
| 13..0,52 | 43..1,72 | 73..2,92 | 400.. 16,00 |
| 14..0,56 | 44..1,76 | 74..2,96 | 500.. 20,00 |
| 15..0,60 | 45..1,80 | 75..3,00 | 600.. 24,00 |
| 16..0,64 | 46..1,84 | 76..3,04 | 700.. 28,00 |
| 17..0,68 | 47..1,88 | 77..3,08 | 800.. 32,00 |
| 18..0,72 | 48..1,92 | 78..3,12 | 900.. 36,00 |
| 19..0,76 | 49..1,96 | 79..3,16 | 1000.. 40,00 |
| 20..0,80 | 50..2,00 | 80..3,20 | 2000.. 80,00 |
| 21..0,84 | 51..2,04 | 81..3,24 | 3000.. 120,00 |
| 22..0,88 | 52..2,08 | 82..3,28 | 4000.. 160,00 |
| 23..0,92 | 53..2,12 | 83..3,32 | 5000.. 200,00 |
| 24..0,96 | 54..2,16 | 84..3,36 | 6000.. 240,00 |
| 25..1,00 | 55..2,20 | 85..3,40 | 7000.. 280,00 |
| 26..1,04 | 56..2,24 | 86..3,44 | 8000.. 320,00 |
| 27..1,08 | 57..2,28 | 87..3,48 | 9000.. 360,00 |
| 28..1,12 | 58..2,32 | 88..3,52 | 10000.. 400,00 |
| 29..1,16 | 59..2,36 | 89..3,56 | 20000.. 800,00 |
| 30..1,20 | 60..2,40 | 90..3,60 | 30000..1200,00 |

4 centimes par jour font par an, 14 f. 60 c.

*A 5 centimes la chose.*

| val. | f. c. | val. | f. c. | vál. | f. c. | valent | f. c. |
|---|---|---|---|---|---|---|---|
| 1 | 0,05 | 31 | 1,55 | 61 | 3,05 | 91 | 4,55 |
| 2 | 0,10 | 32 | 1,60 | 62 | 3,10 | 92 | 4,60 |
| 3 | 0,15 | 33 | 1,65 | 63 | 3,15 | 93 | 4,65 |
| 4 | 0,20 | 34 | 1,70 | 64 | 3,20 | 94 | 4,70 |
| 5 | 0,25 | 35 | 1,75 | 65 | 3,25 | 95 | 4,75 |
| 6 | 0,30 | 36 | 1,80 | 66 | 3,30 | 96 | 4,80 |
| 7 | 0,35 | 37 | 1,85 | 67 | 3,35 | 97 | 4,85 |
| 8 | 0,40 | 38 | 1,90 | 68 | 3,40 | 98 | 4,90 |
| 9 | 0,45 | 39 | 1,95 | 69 | 3,45 | 99 | 4,95 |
| 10 | 0,50 | 40 | 2,00 | 70 | 3,50 | 100 | 5,00 |
| 11 | 0,55 | 41 | 2,05 | 71 | 3,55 | 200 | 10,00 |
| 12 | 0,60 | 42 | 2,10 | 72 | 3,60 | 300 | 15,00 |
| 13 | 0,65 | 43 | 2,15 | 73 | 3,65 | 400 | 20,00 |
| 14 | 0,70 | 44 | 2,20 | 74 | 3,70 | 500 | 25,00 |
| 15 | 0,75 | 45 | 2,25 | 75 | 3,75 | 600 | 30,00 |
| 16 | 0,80 | 46 | 2,30 | 76 | 3,80 | 700 | 35,00 |
| 17 | 0,85 | 47 | 2,35 | 77 | 3,85 | 800 | 40,00 |
| 18 | 0,90 | 48 | 2,40 | 78 | 3,90 | 900 | 45,00 |
| 19 | 0,95 | 49 | 2,45 | 79 | 3,95 | 1000 | 50,00 |
| 20 | 1,00 | 50 | 2,50 | 80 | 4,00 | 2000 | 100,00 |
| 21 | 1,05 | 51 | 2,55 | 81 | 4,05 | 3000 | 150,00 |
| 22 | 1,10 | 52 | 2,60 | 82 | 4,10 | 4000 | 200,00 |
| 23 | 1,15 | 53 | 2,65 | 83 | 4,15 | 5000 | 250,00 |
| 24 | 1,20 | 54 | 2,70 | 84 | 4,20 | 6000 | 300,00 |
| 25 | 1,25 | 55 | 2,75 | 85 | 4,25 | 7000 | 350,00 |
| 26 | 1,30 | 56 | 2,80 | 86 | 4,30 | 8000 | 400,00 |
| 27 | 1,35 | 57 | 2,85 | 87 | 4,35 | 9000 | 450,00 |
| 28 | 1,40 | 58 | 2,90 | 88 | 4,40 | 10000 | 500,00 |
| 29 | 1,45 | 59 | 2,95 | 89 | 4,45 | 20000 | 1000,00 |
| 30 | 1,50 | 60 | 3,00 | 90 | 4,50 | 30000 | 1500,00 |

**5 centimes par jour font par an , 18 f. 25 c.**

*A 6 centimes la chose.*

| val. | f. c. | val. | f. c. | val. | f. c. | valent | f. c. |
|---|---|---|---|---|---|---|---|
| 1 | 0,06 | 31 | 1,86 | 61 | 3,66 | 91 | 5,46 |
| 2 | 0,12 | 32 | 1,92 | 62 | 3,72 | 92 | 5,52 |
| 3 | 0,18 | 33 | 1,98 | 63 | 3,78 | 93 | 5,58 |
| 4 | 0,24 | 34 | 2,04 | 64 | 3,84 | 94 | 5,64 |
| 5 | 0,30 | 35 | 2,10 | 65 | 3,90 | 95 | 5,70 |
| 6 | 0,36 | 36 | 2,16 | 66 | 3,96 | 96 | 5,76 |
| 7 | 0,42 | 37 | 2,22 | 67 | 4,02 | 97 | 5,82 |
| 8 | 0,48 | 38 | 2,28 | 68 | 4,08 | 98 | 5,88 |
| 9 | 0,54 | 39 | 2,34 | 69 | 4,14 | 99 | 5,94 |
| 10 | 0,60 | 40 | 2,40 | 70 | 4,20 | 100 | 6,00 |
| 11 | 0,66 | 41 | 2,46 | 71 | 4,26 | 200 | 12,00 |
| 12 | 0,72 | 42 | 2,52 | 72 | 4,32 | 300 | 18,00 |
| 13 | 0,78 | 43 | 2,58 | 73 | 4,38 | 400 | 24,00 |
| 14 | 0,84 | 44 | 2,64 | 74 | 4,44 | 500 | 30,00 |
| 15 | 0,90 | 45 | 2,70 | 75 | 4,50 | 600 | 36,00 |
| 16 | 0,96 | 46 | 2,76 | 76 | 4,56 | 700 | 42,00 |
| 17 | 1,02 | 47 | 2,82 | 77 | 4,62 | 800 | 48,00 |
| 18 | 1,08 | 48 | 2,88 | 78 | 4,68 | 900 | 54,00 |
| 19 | 1,14 | 49 | 2,94 | 79 | 4,74 | 1000 | 60,00 |
| 20 | 1,20 | 50 | 3,00 | 80 | 4,80 | 2000 | 120,00 |
| 21 | 1,26 | 51 | 3,06 | 81 | 4,86 | 3000 | 180,00 |
| 22 | 1,32 | 52 | 3,12 | 82 | 4,92 | 4000 | 240,00 |
| 23 | 1,38 | 53 | 3,18 | 83 | 4,98 | 5000 | 300,00 |
| 24 | 1,44 | 54 | 3,24 | 84 | 5,04 | 6000 | 360,00 |
| 25 | 1,50 | 55 | 3,30 | 85 | 5,10 | 7000 | 420,00 |
| 26 | 1,56 | 56 | 3,36 | 86 | 5,16 | 8000 | 480,00 |
| 27 | 1,62 | 57 | 3,42 | 87 | 5,22 | 9000 | 540,00 |
| 28 | 1,68 | 58 | 3,48 | 88 | 5,28 | 10000 | 600,00 |
| 29 | 1,74 | 59 | 3,54 | 89 | 5,34 | 20000 | 1200,00 |
| 30 | 1,80 | 60 | 3,60 | 90 | 5,40 | 30000 | 1800,00 |

6 centimes par jour font par an 21 f. 90 c.

*A 7 centimes la chose.*

| val. f. c. | val. f. c. | val. f. c. | valent | f. c. |
|---|---|---|---|---|
| 1..0,07 | 31..2,17 | 61..4,27 | 91.. | 6,37 |
| 2..0,14 | 32..2,24 | 62..4,34 | 92.. | 6,44 |
| 3..0,21 | 33..2,31 | 63..4,41 | 93.. | 6,51 |
| 4..0,28 | 34..2,38 | 64..4,48 | 94.. | 6,58 |
| 5..0,35 | 35..2,45 | 65..4,55 | 95.. | 6,65 |
| 6..0,42 | 36..2,52 | 66..4,62 | 96.. | 6,72 |
| 7..0,49 | 37..2,59 | 67..4,69 | 97.. | 6,79 |
| 8..0,56 | 38..2,66 | 68..4,76 | 98.. | 6,86 |
| 9..0,63 | 39..2,73 | 69..4,83 | 99.. | 6,93 |
| 10..0,70 | 40..2,80 | 70..4,90 | 100.. | 7,00 |
| 11..0,77 | 41..2,87 | 71..4,97 | 200.. | 14,00 |
| 12..0,84 | 42..2,94 | 72..5,04 | 300.. | 21,00 |
| 13..0,91 | 43..3,01 | 73..5,11 | 400.. | 28,00 |
| 14..0,98 | 44..3,08 | 74..5,18 | 500.. | 35,00 |
| 15..1,05 | 45..3,15 | 75..5,25 | 600.. | 42,00 |
| 16..1,12 | 46..3,22 | 76..5,32 | 700.. | 49,00 |
| 17..1,19 | 47..3,20 | 77..5,39 | 800.. | 56,00 |
| 18..1,26 | 48..3,36 | 78..5,46 | 900.. | 63,00 |
| 19..1,33 | 49..3,43 | 79..5,53 | 1000.. | 70,00 |
| 20..1,40 | 50..3,50 | 80..5,60 | 2000.. | 140,00 |
| 21..1,47 | 51..3,57 | 81..5,67 | 3000.. | 210,00 |
| 22..1,54 | 52..3,64 | 82..5,74 | 4000.. | 280,00 |
| 23..1,61 | 53..3,71 | 83..5,81 | 5000.. | 350,00 |
| 24..1,68 | 54..3,78 | 84..5,88 | 6000.. | 420,00 |
| 25..1,75 | 55..3,85 | 85..5,95 | 7000.. | 490,00 |
| 26..1,82 | 56..3,92 | 86..6,02 | 8000.. | 560,00 |
| 27..1,89 | 57..3,99 | 87..6,09 | 9000.. | 630,00 |
| 28..1,96 | 58..4,06 | 88..6,16 | 10000.. | 700,00 |
| 29..2,03 | 59..4,13 | 89..6,43 | 20000.. | 1400,00 |
| 30..2,10 | 60..4,20 | 90..6,30 | 30000.. | 2100,00 |

7 centimes par jour font par an 25 f. 55 c.

*À 8 centimes la chose.*

| val. f. c. | val. f. o. | val. f. c. | valent | f. c. |
|---|---|---|---|---|
| 1..0,08 | 31..2,48 | 61..4,88 | 91.. | 7,28 |
| 2..0,16 | 32..2,56 | 62..4,96 | 92.. | 7,36 |
| 3..0,24 | 33..2,64 | 63..5,04 | 93.. | 7,44 |
| 4..0,32 | 34..2,72 | 64..5,12 | 94.. | 7,52 |
| 5..0,40 | 35..2,80 | 65..5,20 | 95.. | 7,60 |
| 6..0,48 | 36..2,88 | 66..5,28 | 96.. | 7,68 |
| 7..0,56 | 37..2,96 | 67..5,36 | 97.. | 7,76 |
| 8..0,64 | 38..3,04 | 68..5,44 | 98.. | 7,84 |
| 9..0,72 | 39..3,12 | 69..5,52 | 99.. | 7,92 |
| 10..0,80 | 40..3,20 | 70..5,60 | 100.. | 8,00 |
| 11..0,88 | 41..3,28 | 71..5,68 | 200.. | 16,00 |
| 12..0,96 | 42..3,36 | 72..5,76 | 300.. | 24,00 |
| 13..1,04 | 43..3,44 | 73..5,84 | 400.. | 32,00 |
| 14..1,12 | 44..3,52 | 74..5,92 | 500.. | 40,00 |
| 15..1,20 | 45..3,60 | 75..6,00 | 600.. | 48,00 |
| 16..1,28 | 46..3,68 | 76..6,08 | 700.. | 56,00 |
| 17..1,36 | 47..3,76 | 77..6,16 | 800.. | 64,00 |
| 18..1,44 | 48..3,84 | 78..6,24 | 900.. | 72,00 |
| 19..1,52 | 49..3,92 | 79..6,32 | 1000.. | 80,00 |
| 20..1,60 | 50..4,00 | 80..6,40 | 2000.. | 160,00 |
| 21..1,68 | 51..4,08 | 81..6,48 | 3000.. | 240,00 |
| 22..1,76 | 52..4,16 | 82..6,56 | 4000.. | 320,00 |
| 23..1,84 | 53..4,24 | 83..6,64 | 5000.. | 400,00 |
| 24..1,92 | 54..4,32 | 84..6,72 | 6000.. | 480,00 |
| 25..2,00 | 55..4,40 | 85..6,80 | 7000.. | 560,00 |
| 26..2,08 | 56..4,48 | 86..6,88 | 8000.. | 640,00 |
| 27..2,16 | 57..4,56 | 87..6,96 | 9000.. | 720,00 |
| 28..2,24 | 58..4,64 | 88..7,04 | 10000.. | 800,00 |
| 29..2,32 | 59..4,72 | 89..7,12 | 20000.. | 1600,00 |
| 30..2,40 | 60..4,80 | 90..7,20 | 30000.. | 2400,00 |

8 centimes par jour font par an 29 f. 20 c.

*A 9 centimes la chose.*

| val. f. c. | val. f. c. | val. f. c. | valent f.c. |
|---|---|---|---|
| 1..0,09 | 31..2,79 | 61..5,49 | 91.. 8,19 |
| 2..0,18 | 32..2,88 | 62..5,58 | 92.. 8,28 |
| 3..0,27 | 33..2,97 | 63..5,67 | 93.. 8,37 |
| 4..0,36 | 34..3,06 | 64..5,76 | 94.. 8,46 |
| 5..0,45 | 35..3,15 | 65..5,85 | 95.. 8,55 |
| 6..0,54 | 36..3,24 | 66..5,94 | 96.. 8,64 |
| 7..0,63 | 37..3,33 | 67..6,03 | 97.. 8,73 |
| 8..0,72 | 38..3,42 | 68..6,12 | 98.. 8,82 |
| 9..0,81 | 39..3,51 | 69..6,21 | 99.. 8,91 |
| 10..0,90 | 40..3,60 | 70..6,30 | 100.. 9,00 |
| 11..0,99 | 41..3,69 | 71..6,39 | 200.. 18,00 |
| 12..0,08 | 42..3,78 | 72..6,48 | 300.. 27,00 |
| 13..1,17 | 43..3,87 | 73..6,57 | 400.. 36,00 |
| 14..1,26 | 44..3,96 | 74..6,66 | 500.. 45,00 |
| 15..1,35 | 45..4,05 | 75..6,75 | 600.. 54,00 |
| 16..1,44 | 46..4,14 | 76..6,84 | 700.. 63,00 |
| 17..1,53 | 47..4,23 | 77..6,93 | 800.. 72,00 |
| 18..1,62 | 48..4,32 | 78..7,02 | 900.. 81,00 |
| 19..1,71 | 49..4,41 | 79..7,11 | 1000.. 90,00 |
| 20..1,80 | 50..4,50 | 80..7,20 | 2000.. 180,00 |
| 21..1,89 | 51..4,59 | 81..7,29 | 3000.. 270,00 |
| 22..1,98 | 52..4,68 | 82..7,38 | 4000.. 360,00 |
| 23..2,07 | 53..4,77 | 83..7,47 | 5000.. 450,00 |
| 24..2,16 | 54..4,86 | 84..7,56 | 6000.. 540,00 |
| 25..2,25 | 55..4,95 | 85..7,65 | 7000.. 630,00 |
| 26..2,34 | 56..5,04 | 86..7,74 | 8000.. 720,00 |
| 27..2,43 | 57..5,13 | 87..7,83 | 9000.. 810,00 |
| 28..2,52 | 58..5,22 | 88..7,92 | 10000.. 900,00 |
| 29..2,61 | 59..5,31 | 89..8,01 | 20000..1800,00 |
| 30..2,70 | 60..5,40 | 90..8,10 | 30000..2700,00 |

**9 centimes par jour font par an 32 f. 85 c.**

*A 10 centimes la chose.*

| val. f. c. | val. f. c | val. f. c. | valen f. c. |
|---|---|---|---|
| 1..0,10 | 31..3,10 | 61..6,10 | 91.. 9,10 |
| 2..0,20 | 32..3,20 | 62..6,20 | 92.. 9,20 |
| 3..0,30 | 33..3,30 | 63..6,30 | 93.. 9,30 |
| 4..0,40 | 34..3,40 | 64..6,40 | 94.. 9,40 |
| 5..0,50 | 35..3,50 | 65..6,50 | 95.. 9,50 |
| 6..0,60 | 36..3,60 | 66..6,60 | 96.. 9,60 |
| 7..0,70 | 37..3,70 | 67..6,70 | 97.. 9,70 |
| 8..0,80 | 38..3,80 | 68..6,80 | 98.. 9,80 |
| 9..0,90 | 39..3,90 | 69..6,90 | 99.. 9,90 |
| 10..1,00 | 40..4,00 | 70..7,00 | 100.. 10,00 |
| 11..1,10 | 41..4,10 | 71..7,10 | 200.. 20,00 |
| 12..1,20 | 42..4,20 | 72..7,20 | 300.. 30,00 |
| 13..1,30 | 43..4,30 | 73..7,30 | 400.. 40,00 |
| 14..1,40 | 44..4,40 | 74..7,40 | 500.. 50,00 |
| 15..1,50 | 45..4,50 | 75..7,50 | 600.. 60,00 |
| 16..1,60 | 46..4,60 | 76..7,60 | 700.. 70,00 |
| 17..1,70 | 47..4,70 | 77..7,70 | 800.. 80,00 |
| 18..1,80 | 48..4,80 | 78..7,80 | 900.. 90,00 |
| 19..1,90 | 49..4,90 | 79..7,90 | 1000.. 100,00 |
| 20..2,00 | 50..5,00 | 80..8,00 | 2000.. 200,00 |
| 21..2,10 | 51..5,10 | 81..8,10 | 3000.. 300,00 |
| 22..2,20 | 52..5,20 | 82..8,20 | 4000.. 400,00 |
| 23..2,30 | 53..5,30 | 83..8,30 | 5000.. 500,00 |
| 24..2,40 | 54..5,40 | 84..8,40 | 6000.. 600,00 |
| 25..2,50 | 55..5,50 | 85..8,50 | 7000.. 700,00 |
| 26..2,60 | 56..5,60 | 86..8,60 | 8000.. 800,00 |
| 27..2,70 | 57..5,70 | 87..8,70 | 9000.. 900,00 |
| 28..2,80 | 58..5,80 | 88..8,80 | 10000..1000,00 |
| 29..2,90 | 59..5,90 | 89..8,90 | 20000..2000,00 |
| 30..3,00 | 60..6,00 | 90..9,00 | 30000..3000,00 |

10 centimes par jour font par an 36 f. 50 c.

*A* 11 *centimes la chose.*

| val. f. c. | val. f. c. | val. f. c. | valent f. c. |
|---|---|---|---|
| 1..0,11 | 31..3,41 | 61..9,71 | 91.. 10,01 |
| 2..0,22 | 32..3,52 | 62..6,82 | 92.. 10,12 |
| 3..0,33 | 33..3,63 | 63..6,93 | 93.. 10,23 |
| 4..0,44 | 34..3,74 | 64..7,04 | 94.. 10,34 |
| 5..0,55 | 35..3,85 | 65..7,15 | 95.. 10,45 |
| 6..0,66 | 36..3,96 | 66..7,26 | 96.. 10,56 |
| 7..0,77 | 37..4,07 | 67..7,37 | 97.. 10,67 |
| 8..0,88 | 38..4,18 | 68..7,48 | 98.. 10,78 |
| 9..0,99 | 39..4,29 | 69..7,59 | 99.. 10,89 |
| 10..1,10 | 40..4,40 | 70..7,70 | 100.. 11,00 |
| 11..1,21 | 41..4,51 | 71..7,81 | 200.. 22,00 |
| 12..1,32 | 42..4,62 | 72..7,92 | 300.. 33,00 |
| 13..1,43 | 43..4,73 | 73..8,03 | 400.. 44,00 |
| 14..1,54 | 44..4,84 | 74..8,14 | 500.. 55,00 |
| 15..1,65 | 45..4,95 | 75..8,25 | 600.. 66,00 |
| 16..1,76 | 46..5,06 | 76..8,36 | 700.. 77,00 |
| 17..1,87 | 47..5,17 | 77..8,47 | 800.. 88,00 |
| 18..1,98 | 48..5,28 | 78..8,58 | 900.. 99,00 |
| 19..2,09 | 49..5,39 | 79..8,69 | 1000.. 110,00 |
| 20..2,20 | 50..5,50 | 80..8,80 | 2000.. 220,00 |
| 21..2,31 | 51..5,61 | 81..8,91 | 3000.. 330,00 |
| 22..2,42 | 52..5,72 | 82..9,02 | 4000.. 440,00 |
| 23..2,53 | 53..5,83 | 83..9,13 | 5000.. 550,00 |
| 24..2,64 | 54..5,94 | 84..9,24 | 6000.. 660,00 |
| 25..2,75 | 55..6,05 | 85..9,35 | 7000.. 770,00 |
| 26..2,86 | 56..6,16 | 86..9,46 | 8000.. 880,00 |
| 27..2,97 | 57..6,27 | 87..9,57 | 9000.. 990,00 |
| 28..3,08 | 58..6,38 | 88..9,68 | 10000..1100,00 |
| 29..3,19 | 59..6,49 | 89..9,79 | 20000..2200,00 |
| 30..3,30 | 60..6,60 | 90..9,90 | 30000..3300,00 |

11 centimes par jour font par an, 40 f. 15 c.

*A 12 centimes la chose.*

| val. f. c. | val. f. c. | val. f. c. | valent f. c. |
|---|---|---|---|
| 1.. 0,12 | 31.. 3,72 | 61.. 7,32 | 91.. 10,92 |
| 2.. 0,24 | 32.. 3,84 | 62.. 7,44 | 92.. 11,04 |
| 3.. 0,36 | 33.. 3,96 | 63.. 7,56 | 93.. 11,16 |
| 4.. 0,48 | 34.. 4,08 | 64.. 7,68 | 94.. 11,28 |
| 5.. 0,60 | 35.. 4,20 | 65.. 7,80 | 95.. 11,40 |
| 6.. 0,72 | 36.. 4,32 | 66.. 7,92 | 96.. 11,52 |
| 7.. 0,84 | 37.. 4,44 | 67.. 8,04 | 97.. 11,64 |
| 8.. 0,96 | 38.. 4,56 | 68.. 8,16 | 98.. 11,76 |
| 9.. 1,08 | 39.. 4,68 | 69.. 8,28 | 99.. 11,88 |
| 10.. 1,20 | 40.. 4,80 | 70.. 8,40 | 100.. 12,00 |
| 11.. 1,32 | 41.. 4,92 | 71.. 8,52 | 200.. 24,00 |
| 12.. 1,44 | 42.. 5,04 | 72.. 8,64 | 300.. 36,00 |
| 13.. 1,56 | 43.. 5,16 | 73.. 8,76 | 400.. 48,00 |
| 14.. 1,68 | 44.. 5,28 | 74.. 8,88 | 500.. 60,00 |
| 15.. 1,80 | 45.. 5,40 | 75.. 9,00 | 600.. 72,00 |
| 16.. 1,92 | 49.. 5,52 | 76.. 9,12 | 700.. 84,00 |
| 17.. 2,04 | 47.. 5,64 | 77.. 9,24 | 800.. 96,00 |
| 18.. 2,16 | 48.. 5,76 | 78.. 9,36 | 900.. 108,00 |
| 19.. 2,28 | 49.. 5,88 | 79.. 9,48 | 1000.. 120,00 |
| 20.. 2,40 | 50.. 6,00 | 80.. 9,60 | 2000.. 240,00 |
| 21.. 2,52 | 51.. 6,12 | 81.. 9,72 | 3000.. 360,00 |
| 22.. 2,64 | 52.. 6,24 | 82.. 9,84 | 4000.. 480,00 |
| 23.. 2,76 | 53.. 6,36 | 83.. 9,96 | 5000.. 600,00 |
| 24.. 2,88 | 54.. 6,48 | 84..10,08 | 6000.. 720,00 |
| 25.. 3,00 | 55.. 6,60 | 85..10,20 | 7000.. 840,00 |
| 26.. 3,12 | 56.. 6,72 | 86..10,32 | 8000.. 960,00 |
| 27.. 3,24 | 57.. 6,84 | 87..10,44 | 9000..1080,00 |
| 28.. 3,36 | 58.. 6,96 | 88..10,56 | 10000..1200,00 |
| 29.. 3,48 | 59.. 7,08 | 89..10,68 | 20000..2400,00 |
| 30.. 3,60 | 60.. 7,20 | 90..10,80 | 30000..3600,00 |

12 centimes par jour font par an , 43 f. 80 c.

*A* 13 *centimes la chose.*

| val. f. c. | val. f. c. | val. f. c. | valent f. c. |
|---|---|---|---|
| 1.. 0,13 | 31.. 4,03 | 61.. 7,93 | 91.. 11,83 |
| 2.. 0,26 | 32.. 4,16 | 62.. 8,06 | 92.. 11,96 |
| 3.. 0,39 | 33.. 4,29 | 63.. 8,19 | 93.. 12,09 |
| 4.. 0,52 | 34.. 4,42 | 64.. 8,32 | 94.. 12,22 |
| 5.. 0,65 | 35.. 4,55 | 65.. 8,45 | 95.. 12,35 |
| 6.. 0,78 | 36.. 4,68 | 66.. 8,58 | 96.. 12,48 |
| 7.. 0,91 | 37.. 4,81 | 67.. 8,71 | 99.. 12,61 |
| 8.. 1,04 | 38.. 4,94 | 68.. 8,84 | 98.. 12,74 |
| 9.. 1,17 | 39.. 5,07 | 69.. 8,97 | 99.. 12,87 |
| 10.. 1,30 | 40.. 5,20 | 70.. 9,10 | 100.. 13,00 |
| 11.. 1,43 | 41.. 5,33 | 71.. 9,23 | 200.. 26,00 |
| 12.. 1,56 | 42.. 5,46 | 72.. 9,36 | 300.. 39,00 |
| 13.. 1,69 | 43.. 5,59 | 73.. 9,49 | 400.. 52,00 |
| 14.. 1,82 | 44.. 5,72 | 74.. 9,62 | 500.. 65,00 |
| 15.. 1,95 | 45.. 5,85 | 75.. 9,75 | 600.. 78,00 |
| 16.. 2,08 | 46.. 5,98 | 76.. 9,88 | 700.. 91,00 |
| 17.. 2,21 | 47.. 6,11 | 77..10,01 | 800.. 104,00 |
| 18.. 2,34 | 48.. 6,24 | 78..10,14 | 900.. 117,00 |
| 19.. 2,47 | 49.. 6,37 | 79..10,27 | 1000.. 130,00 |
| 20.. 2,60 | 50.. 6,50 | 80..10,40 | 2000.. 260,00 |
| 21.. 2,73 | 51.. 6,63 | 81..10,53 | 3000.. 390,00 |
| 22.. 2,86 | 52.. 6,76 | 82..10,66 | 4000.. 520,00 |
| 23.. 2,99 | 53.. 6,89 | 83..10,79 | 5000.. 650,00 |
| 24.. 3,12 | 54.. 7,02 | 84..10,92 | 6000.. 780,00 |
| 25.. 3,25 | 55.. 7,15 | 85..11,05 | 7000.. 910,00 |
| 26.. 3,38 | 56.. 7,28 | 86..11,18 | 8000..1040,00 |
| 27.. 3,51 | 57.. 7,41 | 87..11,31 | 9000..1170,00 |
| 28.. 3,64 | 58.. 7,54 | 88..11,44 | 10000..1300,00 |
| 29.. 3,77 | 59.. 7,67 | 89..11,57 | 20000..2600,00 |
| 30.. 3,90 | 60.. 7,80 | 90..11,70 | 30000..3900,00 |

**13 centimes par jour font par an , 47 f. 45 c.**

*A 14 centimes la chose.*

| val. f. c. | val. f. c. | val. f. c. | valent f. c. |
|---|---|---|---|
| 1.. 0,14 | 31.. 4,34 | 61.. 8,54 | 91. 12,74 |
| 2.. 0,28 | 32.. 4,48 | 62.. 8,68 | 92.. 12,88 |
| 3.. 0,42 | 33.. 4,62 | 63.. 8,82 | 93.. 13,02 |
| 4.. 0,56 | 34.. 4,76 | 64.. 8,96 | 94.. 13,16 |
| 5.. 0,70 | 35.. 4,90 | 65.. 9,10 | 95.. 13,30 |
| 6.. 0,84 | 36.. 5,04 | 66.. 9,24 | 96.. 13,44 |
| 7.. 0,98 | 37.. 5,18 | 67.. 9,38 | 97.. 13,58 |
| 8.. 1,12 | 38.. 5,32 | 68.. 9,52 | 98.. 13,72 |
| 9.. 1,26 | 39.. 5,46 | 69.. 9,66 | 99.. 13,86 |
| 10.. 1,40 | 40.. 5,60 | 70.. 9,80 | 100.. 14,00 |
| 11.. 1,54 | 41.. 5,74 | 71.. 9,94 | 200.. 28,00 |
| 12.. 1,68 | 43.. 5,86 | 72..10,08 | 300.. 42,00 |
| 13.. 1,82 | 43.. 6,02 | 73..10,22 | 400.. 56,00 |
| 14.. 1,9 | 44.. 6,16 | 74..10,36 | 500.. 70,00 |
| 15.. 2,10 | 45.. 6,30 | 75..10,50 | 600.. 84,00 |
| 16.. 2,24 | 46.. 6,44 | 76..10,64 | 700.. 98,00 |
| 17.. 2,38 | 47.. 6,58 | 77..10,78 | 800.. 112,00 |
| 18.. 2,52 | 48.. 6,72 | 78..10,92 | 900.. 126,00 |
| 19.. 2,66 | 49.. 6,86 | 79..11,06 | 1000.. 140,00 |
| 20.. 2,80 | 50.. 7,00 | 80..11,20 | 2000.. 280,00 |
| 21.. 2,94 | 51.. 7,14 | 81..11,34 | 3000.. 420,00 |
| 22.. 3,08 | 52.. 7,28 | 82..11,48 | 4000.. 560,00 |
| 23.. 3,22 | 53.. 7,42 | 83..11,62 | 5000.. 700,00 |
| 24.. 3,36 | 54.. 7,56 | 84..11,76 | 6000.. 840,00 |
| 25.. 3,50 | 55.. 7,70 | 85..11,90 | 7000.. 980,00 |
| 26.. 3,64 | 56.. 7,84 | 86..12,04 | 8000..1120,00 |
| 27.. 3,78 | 57.. 7,98 | 87..12,18 | 9000..1260,00 |
| 28.. 3,92 | 58.. 8,12 | 88..12,32 | 10000..1400,00 |
| 29.. 4,06 | 59.. 8,26 | 89..12,46 | 20000..2800,00 |
| 30.. 4,20 | 60.. 8,40 | 90..12,60 | 30000..4200,00 |

14 centimes par jour font par an, 51 f. 1 oc.

*A* 15 *centimes la chose.*

| val. f. c. | val. f. c. | val. f. c. | valent f. c. |
|---|---|---|---|
| 1.. 0,15 | 31.. 4,65 | 61.. 9,15 | 91.. 13,65 |
| 2.. 0,30 | 32.. 4,80 | 62.. 9,30 | 92.. 13,80 |
| 3.. 0,45 | 33.. 4,95 | 63.. 9,45 | 93.. 13,95 |
| 4.. 0,60 | 34.. 5,10 | 64.. 9,60 | 94.. 14,10 |
| 5.. 0,75 | 35.. 5,25 | 65.. 9,75 | 95.. 14,25 |
| 6.. 0,90 | 36.. 5,40 | 66.. 9,90 | 96.. 14,40 |
| 7.. 1,05 | 37.. 5,55 | 67..10,05 | 97.. 14,55 |
| 8.. 1,20 | 38.. 5,70 | 68..10,20 | 98.. 14,70 |
| 9.. 1,35 | 39.. 5,85 | 69..10,35 | 99.. 14,85 |
| 10.. 1,50 | 40.. 6,00 | 70..10,50 | 100.. 15,00 |
| 11.. 1,65 | 41.. 6,15 | 71..10,65 | 200.. 30,00 |
| 12.. 1,80 | 42.. 6,30 | 72..10,80 | 300.. 45,00 |
| 13.. 1,95 | 43.. 6,45 | 73..10,95 | 400.. 60,00 |
| 14.. 2,10 | 44.. 6,60 | 74..11,10 | 500.. 75,00 |
| 15.. 2,25 | 45.. 6,75 | 75..11,25 | 600.. 90,00 |
| 16.. 2,40 | 46.. 6,90 | 76..11,40 | 700.. 105,00 |
| 17.. 2,55 | 47.. 7,05 | 77..11,55 | 800.. 120,00 |
| 18.. 2,70 | 48.. 7,20 | 78..11,70 | 900.. 135,00 |
| 19.. 2,85 | 49.. 7,35 | 79..11,85 | 1000.. 150,00 |
| 20.. 3,00 | 50.. 7,50 | 80..12,00 | 2000.. 300,00 |
| 21.. 3,15 | 51.. 7,65 | 81..12,15 | 3000.. 450,00 |
| 22.. 3,30 | 52.. 7,80 | 82..12,30 | 4000.. 600,00 |
| 23.. 3,45 | 53.. 7,95 | 83..12,45 | 5000.. 750,00 |
| 24.. 3,60 | 54.. 8,10 | 84..12,60 | 6000.. 900,00 |
| 25.. 3,75 | 55.. 8,25 | 85..12,75 | 7000..1050,00 |
| 26.. 3,90 | 56.. 8,40 | 86..12,90 | 8000..1200,00 |
| 27.. 4,05 | 57.. 8,55 | 87..13,05 | 9000..1350,00 |
| 28.. 4,20 | 58.. 8,70 | 88..13,20 | 10000..1500,00 |
| 29.. 4,35 | 59.. 8,85 | 89..13,35 | 20000..3000,00 |
| 30.. 4,50 | 60.. 9,00 | 90..13,50 | 30000..4500,00 |

15 centimes par jour font par an 54 f. 75 c.

I 3

*A* 16 *centimes la chose.*

| val. f. c. | val. f. c. | val. f. c. | valent f. c. |
|---|---|---|---|
| 1.. 0,16 | 31.. 4,96 | 61.. 9,76 | 91.. 14,56 |
| 2.. 0,32 | 32.. 5,12 | 62.. 9,92 | 92.. 14,72 |
| 3.. 0,48 | 33.. 5,28 | 63..10,08 | 93.. 14,88 |
| 4.. 0,64 | 34.. 5,44 | 64..10,24 | 94.. 15,04 |
| 5.. 0,80 | 35.. 5,60 | 65..10,40 | 95.. 15,20 |
| 6.. 0,96 | 36.. 5,76 | 66..10,56 | 96.. 15,36 |
| 7.. 1,12 | 37.. 5,92 | 67..10,72 | 97.. 15,52 |
| 8.. 1,28 | 38.. 6,08 | 68..10,88 | 98.. 15,68 |
| 9.. 1,44 | 39.. 6,24 | 69..11,04 | 99.. 15,84 |
| 10.. 1,60 | 40.. 6,40 | 70..11,20 | 100.. 16,00 |
| 11.. 1,76 | 41.. 6,56 | 71..11,36 | 200.. 32,00 |
| 12.. 1,92 | 42.. 6,72 | 72..11,52 | 300.. 48,00 |
| 13.. 2,08 | 43.. 6,88 | 73..11,68 | 400.. 64,00 |
| 14.. 2,24 | 44.. 7,04 | 74..11,84 | 500.. 80,00 |
| 15.. 2,40 | 45.. 7,20 | 75..12,00 | 600.. 96,00 |
| 16.. 2,56 | 46.. 7,36 | 76..12,16 | 700.. 112,00 |
| 17.. 2,72 | 47.. 7,52 | 77..12,32 | 800.. 128,00 |
| 18.. 2,88 | 48.. 7,68 | 78..12,48 | 900.. 144,00 |
| 19.. 3,04 | 49.. 7,84 | 79..12,64 | 1000.. 160,00 |
| 20.. 3,20 | 50.. 8,00 | 80..12,80 | 2000.. 320,00 |
| 21.. 3,36 | 51.. 8,16 | 81..12,96 | 3000.. 480,00 |
| 22.. 3,52 | 52.. 8,32 | 82..13,12 | 4000.. 640,00 |
| 23.. 3,68 | 53.. 8,48 | 83..13,28 | 5000.. 800,00 |
| 24.. 3,84 | 54.. 8,64 | 84..13,44 | 6000.. 960,00 |
| 25.. 4,00 | 55.. 8,80 | 85..13,60 | 7000..1120,00 |
| 26.. 4,16 | 56.. 8,96 | 86..13,76 | 8000..1280,00 |
| 27.. 4,32 | 57.. 9,12 | 87..13,92 | 9000..1440,00 |
| 28.. 4,48 | 58.. 9,28 | 88..14,08 | 10000..1600,00 |
| 29.. 4,64 | 59.. 9,44 | 89..14,24 | 20000..3200,00 |
| 30.. 4,80 | 60.. 9,60 | 90..14,40 | 30000..4800,00 |

16 centimes par jour font par an, 58 f. 40 c.

*A 17 centimes la chose.*

| val. f. c. | val. f. c. | val. f. c. | valent f. c. |
|---|---|---|---|
| 1.. 0,17 | 31.. 5,27 | 61..10,37 | 91.. 15,47 |
| 2.. 0,34 | 32.. 5,44 | 62..10,54 | 92.. 15,64 |
| 3.. 0,51 | 33.. 5,61 | 63..10,71 | 93.. 15,81 |
| 4.. 0,68 | 34.. 5,78 | 64..10,88 | 94.. 15,98 |
| 5.. 0,85 | 35.. 5,95 | 65..11,05 | 95.. 16,15 |
| 6.. 1,02 | 36.. 6,12 | 66..11,22 | 96.. 16,32 |
| 7.. 1,19 | 37.. 6,29 | 67..11,39 | 97.. 16,49 |
| 8.. 1,36 | 38.. 6,46 | 68..11,56 | 98.. 16,66 |
| 9.. 1,53 | 39.. 6,63 | 69..11,73 | 99.. 16,83 |
| 10.. 1,70 | 40.. 6,80 | 70..11,90 | 100.. 17,00 |
| 11.. 1,87 | 41.. 6,97 | 71..12,07 | 200.. 34,00 |
| 12.. 2,04 | 42.. 7,14 | 72..12,24 | 300.. 51,00 |
| 13.. 2,21 | 43.. 7,31 | 73..12,41 | 400.. 68,00 |
| 14.. 2,38 | 44.. 7,48 | 74..12,58 | 500.. 85,00 |
| 15.. 2,55 | 45.. 7,65 | 75..12,75 | 600.. 102,00 |
| 16.. 2,72 | 46.. 7,82 | 76..12,92 | 700.. 119,00 |
| 17.. 2,89 | 47.. 7,99 | 77..13,09 | 800.. 136,00 |
| 18.. 3,06 | 48.. 8,16 | 78..13,26 | 900.. 153,00 |
| 19.. 3,23 | 49.. 8,33 | 79..13,43 | 1000.. 170,00 |
| 20.. 3,40 | 50.. 8,50 | 80..13,60 | 2000.. 340,00 |
| 21.. 3,57 | 51.. 8,67 | 81..13,77 | 3000.. 510,00 |
| 22.. 3,74 | 52.. 8,84 | 82..13,94 | 4000.. 680,00 |
| 23.. 3,91 | 53.. 9,01 | 83..14,11 | 5000.. 850,00 |
| 24.. 4,08 | 54.. 9,18 | 84..14,28 | 6000..1020,00 |
| 25.. 4,25 | 55.. 9,35 | 85..14,45 | 7000..1190,00 |
| 26.. 4,42 | 56.. 9,52 | 86..14,62 | 8000..1360,00 |
| 27.. 4,59 | 57.. 9,69 | 87..14,79 | 9000..1530,00 |
| 28.. 4,76 | 58.. 9,86 | 88..14,96 | 10000..1700,00 |
| 29.. 4,93 | 59..10,03 | 89..15,13 | 20000..3400,00 |
| 30.. 5,10 | 60..10,20 | 90..15,30 | 30000..5100,00 |

17 centimes par jour font par an , 62 f. 05 c.

*A 18 centimes la chose.*

| val. | f. c. | val. | f. c. | val. | f. c. | valent | f. c. |
|---|---|---|---|---|---|---|---|
| 1.. | 0,18 | 31.. | 5,58 | 61.. | 10,98 | 91.. | 16,38 |
| 2.. | 0,36 | 32.. | 5,76 | 62.. | 11,16 | 92.. | 16,56 |
| 3.. | 0,54 | 33.. | 5,94 | 63.. | 11,34 | 93.. | 16,74 |
| 4.. | 0,72 | 34.. | 6,12 | 64.. | 11,52 | 94.. | 16,92 |
| 5.. | 0,90 | 35.. | 6,30 | 65.. | 11,70 | 95.. | 17,10 |
| 6.. | 1,08 | 36.. | 6,48 | 66.. | 11,88 | 96.. | 17,28 |
| 7.. | 1,26 | 37.. | 6,66 | 67.. | 12,06 | 97.. | 17,46 |
| 8.. | 1,44 | 38.. | 6,84 | 68.. | 12,24 | 98.. | 17,64 |
| 9.. | 1,62 | 39.. | 7,02 | 69.. | 12,42 | 99.. | 17,82 |
| 10.. | 1,80 | 40.. | 7,20 | 70.. | 12,60 | 100.. | 18,00 |
| 11.. | 1,98 | 41.. | 7,38 | 71.. | 12,78 | 200.. | 36,00 |
| 12.. | 2,16 | 42.. | 7,56 | 72.. | 12,96 | 300.. | 54,00 |
| 13.. | 2,34 | 43.. | 7,74 | 73.. | 13,14 | 400.. | 72,00 |
| 14.. | 2,52 | 44.. | 7,92 | 74.. | 13,32 | 500.. | 90,00 |
| 15.. | 2,70 | 45.. | 8,10 | 75.. | 13,50 | 600.. | 108,00 |
| 16.. | 2,88 | 46.. | 8,28 | 76.. | 13,68 | 700.. | 126,00 |
| 17.. | 3,06 | 47.. | 8,46 | 77.. | 13,86 | 800.. | 144,00 |
| 18.. | 3,24 | 48.. | 8,64 | 78.. | 14,04 | 900.. | 162,00 |
| 19.. | 3,42 | 49.. | 8,82 | 79.. | 14,22 | 1000.. | 180,00 |
| 20.. | 3,60 | 50.. | 9,00 | 80.. | 14,40 | 2000.. | 360,00 |
| 21.. | 3,78 | 51.. | 9,18 | 81.. | 14,58 | 3000.. | 540,00 |
| 22.. | 3,96 | 52.. | 9,36 | 82.. | 14,76 | 4000.. | 720,00 |
| 23.. | 4,14 | 53.. | 9,54 | 83.. | 14,94 | 5000.. | 900,00 |
| 24.. | 4,32 | 54.. | 9,72 | 84.. | 15,12 | 6000.. | 1080,00 |
| 25.. | 4,50 | 55.. | 9,90 | 85.. | 15,30 | 7000.. | 1260,00 |
| 26.. | 4,68 | 56.. | 10,08 | 86.. | 15,48 | 8000.. | 1440,00 |
| 27.. | 4,86 | 57.. | 10,26 | 87.. | 15,66 | 9000.. | 1620,00 |
| 28.. | 5,04 | 58.. | 10,44 | 88.. | 15,84 | 10000.. | 1800,00 |
| 29.. | 5,22 | 59.. | 10,62 | 89.. | 16,02 | 20000.. | 3600,00 |
| 30.. | 5,40 | 60.. | 10,80 | 90.. | 16,20 | 30000.. | 5400,00 |

18 centimes par jour font par an 65 f. 70 c.

*A 19 centimes la chose.*

| val. f. c. | val. f. c. | val. f. c. | valent | f. c. |
|---|---|---|---|---|
| 1.. 0,19 | 31.. 5,89 | 61..11,59 | 91.. | 17,29 |
| 2.. 0,38 | 32.. 6,08 | 62..11,78 | 92.. | 17,48 |
| 3.. 0,57 | 33.. 6,27 | 63..11,97 | 93.. | 17,67 |
| 4.. 0,76 | 34.. 6,46 | 64..12,16 | 94.. | 17,86 |
| 5.. 0,95 | 35.. 6,65 | 65..12,35 | 95.. | 18,05 |
| 6.. 1,14 | 36.. 6,84 | 66..12,54 | 96.. | 18,24 |
| 7.. 1,33 | 37.. 7,03 | 67..12,73 | 97.. | 18,43 |
| 8.. 1,52 | 38.. 7,22 | 68..12,92 | 98.. | 18,62 |
| 9.. 1,71 | 39.. 7,41 | 69..13,11 | 99.. | 18,81 |
| 10.. 1,90 | 40.. 7,60 | 70..13,30 | 100.. | 19,00 |
| 11.. 2,09 | 41.. 7,79 | 71..13,49 | 200.. | 38,00 |
| 12.. 2,28 | 42.. 7,98 | 72..13,68 | 300.. | 57,00 |
| 13.. 2,47 | 43.. 8,17 | 73..13,87 | 400.. | 76,00 |
| 14.. 2,66 | 44.. 8,36 | 74..14,06 | 500.. | 95,00 |
| 15.. 2,85 | 45.. 8,55 | 75..14,25 | 600.. | 114,00 |
| 16.· 3,04 | 46.. 8,74 | 76..14,44 | 700.. | 133,00 |
| 17.. 3,23 | 47.. 8,93 | 77..14,63 | 800.. | 152,00 |
| 18.. 3,42 | 48.. 9,12 | 78..14,82 | 900.. | 171,00 |
| 19.. 3,61 | 49.. 9,31 | 79..15,01 | 1000.. | 190,00 |
| 20.. 3,80 | 50.. 9,50 | 80..15,20 | 2000.. | 380,00 |
| 21.. 3,99 | 51.. 9,69 | 81..15,39 | 3000.. | 570,00 |
| 22.. 4,18 | 52.. 9,88 | 82..15,58 | 4000.. | 760,00 |
| 23.. 4,37 | 53..10,07 | 83..15,77 | 5000.. | 950,00 |
| 24.. 4,56 | 54..10,26 | 84..15,96 | 6000..1140,00 | |
| 25.. 4,75 | 55..10,45 | 85..16,15 | 7000..1330,00 | |
| 26.. 4,94 | 56..10,64 | 86..16,34 | 8000..1520,00 | |
| 27.. 5,13 | 57..10,83 | 87..16,53 | 9000..1710,00 | |
| 28.. 5,32 | 58..11,02 | 88..16,72 | 10000..1900,00 | |
| 29.. 5,51 | 59..11,21 | 89..16,91 | 20000..3800,00 | |
| 30.. 5,70 | 60..11,40 | 90..17,10 | 30000..5700,00 | |

19 centimes par jour font par an, 69 f. 35 c.

*A 20 centimes la chose.*

| val. f. c. | val. f. c. | val. f. c. | valent f. c. |
|---|---|---|---|
| 1.. 0,20 | 31.. 6,20 | 61..12,20 | 91.. 18,20 |
| 2.. 0,40 | 32.. 6,40 | 62..12,40 | 92.. 18,40 |
| 3.. 0,60 | 33.. 6,60 | 63..12,60 | 93.. 18,60 |
| 4.. 0,80 | 34.. 6,80 | 64..12,80 | 94.. 18,80 |
| 5.. 1,00 | 35.. 7,00 | 65..13,00 | 95.. 19,00 |
| 6.. 1,20 | 36.. 7,20 | 66..13,20 | 96.. 19,20 |
| 7.. 1,40 | 37.. 7,40 | 67..13,40 | 97.. 19,40 |
| 8.. 1,60 | 38.. 7,60 | 68..13,60 | 98.. 19,60 |
| 9.. 1,80 | 39.. 7,80 | 69..13,80 | 99.. 19,80 |
| 10.. 2,00 | 40.. 8,00 | 70..14,00 | 100.. 20,00 |
| 11.. 2,20 | 41.. 8,20 | 71..14,20 | 200.. 40,00 |
| 12.. 2,40 | 42.. 8,40 | 72..14,40 | 300.. 60,00 |
| 13.. 2,60 | 43.. 8,60 | 73..14,60 | 400.. 80,00 |
| 14.. 2,80 | 44.. 8,80 | 74..14,80 | 500.. 100,00 |
| 15.. 3,00 | 45.. 9,00 | 75..15,00 | 600.. 120,00 |
| 16.. 3,20 | 46.. 9,20 | 76..15,20 | 700.. 140,00 |
| 17.. 3,40 | 47.. 9,40 | 77..15,40 | 800.. 160,00 |
| 18.. 3,60 | 48.. 9,60 | 78..15,60 | 900.. 180,00 |
| 19.. 3,80 | 49.. 9,80 | 79..15,80 | 1000.. 200,00 |
| 20.. 4,00 | 50..10,00 | 80..16,00 | 2000.. 400,00 |
| 21.. 4,20 | 51..10,20 | 81..16,20 | 3000.. 600,00 |
| 22.. 4,40 | 52..10,40 | 82..16,40 | 4000.. 800,00 |
| 23.. 4,60 | 53..10,60 | 83..16,60 | 5000..1000,00 |
| 24.. 4,80 | 54..10,80 | 84..16,80 | 6000..1200,00 |
| 25.. 5,00 | 55..11,00 | 85..17,00 | 7000..1400,00 |
| 26.. 5,20 | 56..11,20 | 86..17,20 | 8000..1600,00 |
| 27.. 5,40 | 57..11,40 | 87..17,40 | 9000..1800,00 |
| 28.. 5,60 | 58..11,60 | 88..17,60 | 10000..2000,00 |
| 29.. 5,80 | 59..11,80 | 89..17,80 | 20000..4000,00 |
| 30.. 6,00 | 60..12,00 | 90..18,00 | 30000..6000,00 |

20 centimes par jour font par an 73 f. 00 c.

*A 21 centimes la chose.*

| val. f. c. | val. f. c. | val. f. c. | valent f. c. |
|---|---|---|---|
| 1.. 0,21 | 31.. 6,51 | 61..12,81 | 91.. 19,11 |
| 2.. 0,42 | 32.. 6,72 | 62..13,02 | 92.. 19,32 |
| 3.. 0,63 | 33.. 6,93 | 63..13,23 | 93.. 19,53 |
| 4.. 0,84 | 34.. 7,14 | 64..13,44 | 94.. 19,74 |
| 5.. 1,05 | 35.. 7,35 | 65..13,65 | 95.. 19,95 |
| 6.. 1,26 | 36.. 7,56 | 66..13,86 | 96.. 20,16 |
| 7.. 1,47 | 37.. 7,77 | 67..14,07 | 97.. 20,37 |
| 8.. 1,68 | 38.. 7,98 | 68..14,28 | 98.. 20,58 |
| 9.. 1,89 | 39.. 8,19 | 69..14,49 | 99.. 20,79 |
| 10.. 2,10 | 40.. 8,40 | 70..14,70 | 100.. 21,00 |
| 11.. 2,31 | 41.. 8,61 | 71..14,91 | 200.. 42,00 |
| 12.. 2,52 | 42.. 8,82 | 72..15,12 | 300.. 63,00 |
| 13.. 2,73 | 43.. 9,03 | 73..15,33 | 400.. 84,00 |
| 14.. 2,94 | 44.. 9,24 | 74..15 54 | 500.. 105,00 |
| 15.. 3,15 | 45.. 9,45 | 75..15,75 | 600.. 126,00 |
| 16.. 3,36 | 46.. 9,66 | 76..15,96 | 700.. 147,00 |
| 17.. 3,57 | 47.. 9,87 | 77..16,17 | 800.. 168,00 |
| 18.. 3,78 | 48..10,08 | 78..16,38 | 900.. 189,00 |
| 19.. 3,99 | 49..10,29 | 79..16,59 | 1000.. 210,00 |
| 20.. 4,20 | 50..10,50 | 80..16,80 | 2000.. 420,00 |
| 21.. 4,41 | 51..10,71 | 81..17,01 | 3000.. 630,00 |
| 22.. 4,62 | 52..10,92 | 82..17,22 | 4000.. 840,00 |
| 23.. 4,83 | 53..11,13 | 83..17,43 | 5000..1050,00 |
| 24.. 5,04 | 54..11,34 | 84..17,64 | 6000..1260,00 |
| 25.. 5,25 | 55..11,55 | 85..17,85 | 7000..1470,00 |
| 26.. 5,46 | 56..11,76 | 86..18,06 | 8000..1680,00 |
| 27.. 5,67 | 57..11,97 | 87..18,27 | 9000..1890,00 |
| 28.. 5,88 | 58..12,18 | 88..18,48 | 10000..2100,00 |
| 29.. 6,09 | 59..12,39 | 89..18,69 | 20000..4200,00 |
| 30.. 6,30 | 60..12,60 | 90..18,90 | 30000..6300,00 |

21 centimes par jour font par an 76 f. 65 c.

*A 22 centimes la chose.*

| val. f. c. | val. f. c. | val. f. c. | valent f. c. |
|---|---|---|---|
| 1.. 0,22 | 31.. 6,82 | 61..13,42 | 91.. 20,02 |
| 2.. 0,44 | 32.. 7,04 | 62..13,64 | 92.. 20,24 |
| 3.. 0,66 | 33.. 7,26 | 63..13,86 | 93.. 20,46 |
| 4.. 0,88 | 34.. 7,48 | 64..14,08 | 94.. 20,68 |
| 5.. 1,10 | 35.. 7,70 | 65..14,30 | 95.. 20,90 |
| 6.. 1,32 | 36.. 7,92 | 66..14,52 | 96.. 21,12 |
| 7.. 1,54 | 37.. 8,14 | 67..14,74 | 97.. 21,34 |
| 8.. 1,76 | 38.. 8,36 | 68..14,96 | 98.. 21,56 |
| 9.. 1,98 | 39.. 8,58 | 69..15,18 | 99.. 21,78 |
| 10.. 2,20 | 40.. 8,80 | 70..15,40 | 100.. 22,00 |
| 11.. 2,42 | 41.. 9,02 | 71..15,62 | 200.. 44,00 |
| 12.. 2,64 | 42.. 9,24 | 72..15,84 | 300.. 66,00 |
| 13.. 2,86 | 43.. 9,46 | 73..16,06 | 400.. 88,00 |
| 14.. 3,08 | 44.. 9,68 | 74· 16,28 | 500.. 110,00 |
| 15.. 3,30 | 45.. 9,90 | 75..16,50 | 600.. 132,00 |
| 16.. 3,52 | 46..10,12 | 76..16,72 | 700.. 154,00 |
| 17.. 3,74 | 47·.10,34 | 77..16,94 | 800.. 176,00 |
| 18.. 3,96 | 48..10,56 | 78..17,16 | 900.. 198,00 |
| 19.. 4,18 | 49..10,78 | 79..17,38 | 1000.. 220,00 |
| 20.. 4,40 | 50..11,00 | 80..17,60 | 2000.. 440,00 |
| 21.. 4,62 | 51..11,22 | 81..17,82 | 3000.. 660,00 |
| 22.. 4,84 | 52..11,44 | 82..18,04 | 4000.. 880,00 |
| 23.. 5,06 | 53..11,66 | 83..18,26 | 5000..1100,00 |
| 24.. 5,28 | 54..11,88 | 84..18,48 | 6000..1320,00 |
| 25.. 5,50 | 55..12,10 | 85..18,70 | 7000..1540,00 |
| 26.. 5,72 | 56..12,32 | 86..18,92 | 8000..1760,00 |
| 27.. 5,94 | 57..12,54 | 87..19,14 | 9000..1980,00 |
| 28.. 6,16 | 58..12,76 | 88..19,36 | 10000..2200,00 |
| 29.. 6,38 | 59..12,98 | 89..19,58 | 20000..4400,00 |
| 30.. 6,60 | 60..13,20 | 90..19,80 | 30000..6600,00 |

22 centimes par jour font par an, 80 f. 30 c.

*A 23 centimes la chose.*

| val. f. c. | val. f. c. | val. f. c. | valent f. c. |
|---|---|---|---|
| 1..0,23 | 31.. 7,13 | 61..14,03 | 91.. 20,93 |
| 2..0,46 | 32.. 7,36 | 62..14,26 | 92.. 21,16 |
| 3..0,69 | 33.. 7,59 | 63..14,49 | 93.. 21,39 |
| 4..0,92 | 34.. 7,82 | 64..14,72 | 94.. 21,62 |
| 5..1,15 | 35.. 8,05 | 65..14,95 | 95.. 21,85 |
| 6..1,38 | 36.. 8,28 | 66..15,18 | 96.. 22,08 |
| 7..1,61 | 37.. 8,51 | 67..15,41 | 97.. 22,31 |
| 8..1,84 | 38.. 8,74 | 68..15,64 | 98.. 22,54 |
| 9..2,07 | 39.. 8,97 | 69..15,87 | 99.. 22,77 |
| 10..2,30 | 40.. 9,20 | 70..16,10 | 100.. 23,00 |
| 11..2,53 | 41.. 9,43 | 71..16,33 | 200.. 46,00 |
| 12..2,76 | 42.. 9,66 | 72..16,56 | 300.. 69,00 |
| 13..2,99 | 43.. 9,89 | 73..16,79 | 400.. 92,00 |
| 14..3,22 | 44..10,12 | 74..17,02 | 500.. 115,00 |
| 15..3,45 | 45..10,35 | 75..17,25 | 600.. 138,00 |
| 16..3,68 | 46..10,58 | 76..17,48 | 700.. 161,00 |
| 17..3,91 | 47..10,81 | 77..17,71 | 800.. 184,00 |
| 18..4,14 | 48..11,04 | 78..17,94 | 900.. 207,00 |
| 19..4,37 | 49..11,27 | 79..18,17 | 1000.. 230,00 |
| 20..4,60 | 50..11,50 | 80..18,40 | 2000.. 460,00 |
| 21..4,83 | 51..11,73 | 81..18,63 | 3000.. 690,00 |
| 22..5,06 | 52..11,96 | 82..18,86 | 4000.. 920,00 |
| 23..5,29 | 53..12,19 | 83..19,09 | 5000..1150,00 |
| 24..5,52 | 54..12,42 | 84..19,32 | 6000..1380,00 |
| 25..5,75 | 55..12,65 | 85..19,55 | 7000..1610,00 |
| 26..5,98 | 56..12,88 | 86..19,78 | 8000..1840,00 |
| 27..6,21 | 57..13,11 | 87..20,01 | 9000..2070,00 |
| 28..6,44 | 58..13,34 | 88..20,24 | 10000..2300,00 |
| 29..6,67 | 59..13,57 | 89..20,47 | 20000..4600,00 |
| 30..6,90 | 60..13,80 | 90..20,70 | 30000..6900,00 |

23 centimes par jour font par an 83 f. 95 c.

K

*A 24 centimes la chose.*

| val. f. c. | val. f. c. | val. f. c. | valent f. c. |
|---|---|---|---|
| 1.. 0,24 | 31.. 7,44 | 61..14,64 | 91.. 21,84 |
| 2.. 0,48 | 32.. 7,68 | 62..14,88 | 92.. 22,08 |
| 3.. 0,72 | 33.. 7,92 | 63..15,12 | 93.. 22,32 |
| 4.. 0,96 | 34.. 8,16 | 64..15,36 | 94.. 22,56 |
| 5.. 1,20 | 35.. 8,40 | 65..15,60 | 95.. 22,80 |
| 6.. 1,44 | 36.. 8,64 | 66..15,84 | 96.. 23,04 |
| 7.. 1,68 | 37.. 8,88 | 67..16,08 | 97.. 23,28 |
| 8.. 1,92 | 38.. 9,12 | 68..16,32 | 98.. 23,52 |
| 9.. 2,16 | 39.. 9,36 | 69..16,56 | 99.. 23,76 |
| 10.. 2,40 | 40.. 9,60 | 70..16,80 | 100.. 24,00 |
| 11.. 2,64 | 41.. 9,84 | 71..17,04 | 200.. 48,00 |
| 12.. 2,88 | 42..10,08 | 72..17,28 | 300.. 72,00 |
| 13.. 3,12 | 43..10,32 | 73..17,52 | 400.. 96,00 |
| 14.. 3,36 | 44..10,56 | 74..17,76 | 500.. 120,00 |
| 15.. 3,60 | 45..10,80 | 75..18,00 | 600.. 144,00 |
| 16.. 3,84 | 46..11,04 | 76..18,24 | 700.. 168,00 |
| 17.. 4,08 | 47..11,28 | 77..18,48 | 800.. 192,00 |
| 18.. 4,32 | 48..11,52 | 78..18,72 | 900.. 216,00 |
| 19.. 4,56 | 49..11,76 | 79..18,96 | 1000.. 240,00 |
| 20.. 4,80 | 50..12,00 | 80..19,20 | 2000.. 480,00 |
| 21.. 5,04 | 51..12,24 | 81..19,44 | 3000.. 720,00 |
| 22.. 5,28 | 52..12,48 | 82..19,68 | 4000.. 960,00 |
| 23.. 5,52 | 53..12,72 | 83..19,92 | 5000..1200,00 |
| 24.. 5,76 | 54..12,96 | 84..20,16 | 6000..1440,00 |
| 25.. 6,00 | 55..13,20 | 85..20,40 | 7000..1680,00 |
| 26.. 6,24 | 56..13,44 | 86..20,64 | 8000..1920,00 |
| 27.. 6,48 | 57..13,68 | 87..20,88 | 9000..2160,00 |
| 28.. 6,72 | 58..13,92 | 88..21,12 | 10000..2400,00 |
| 29.. 6,96 | 59..14,16 | 89..21,36 | 20000..4800,00 |
| 30.. 7,20 | 60..14,40 | 90..21,60 | 30000..7200,00 |

24 centimes par jour font par an 87 f. 60 c.

*A 25 centimes la chose.*

| val. f. c. | val. f. c. | val. f. c. | valent f. c. |
|---|---|---|---|
| 1.. 0,25 | 31.. 7,75 | 61..15,25 | 91.. 22,75 |
| 2.. 0,50 | 32.. 8,00 | 62..15,50 | 92.. 23,00 |
| 3.. 0,75 | 33.. 8,25 | 63..15,75 | 93.. 23,25 |
| 4.. 1,00 | 34.. 8,50 | 64..16,00 | 94.. 23,50 |
| 5.. 1,25 | 35.. 8,75 | 65..16,25 | 95.. 23,75 |
| 6.. 1,50 | 36.. 9,00 | 66..16,50 | 96.. 24,00 |
| 7.. 1,75 | 37.. 9,25 | 67..16,75 | 97.. 24,25 |
| 8.. 2,00 | 38.. 9,50 | 68..17,00 | 98.. 24,50 |
| 9.. 2,25 | 39.. 9,75 | 69..17,25 | 99.. 24,75 |
| 10.. 2,50 | 40..10,00 | 70..17,50 | 100.. 25,00 |
| 11.. 2,75 | 41..10,25 | 71..17,75 | 200.. 50,00 |
| 12.. 3,00 | 42..10,50 | 72..18,00 | 300.. 75,00 |
| 13.. 3,25 | 43..10,75 | 73..18,25 | 400.. 100,00 |
| 14.. 3,50 | 44..11,00 | 74..18,50 | 500.. 125,00 |
| 15.. 3,75 | 45..11,25 | 75..18,75 | 600.. 150,00 |
| 16.. 4,00 | 46..11,50 | 76..19,00 | 700.. 175,00 |
| 17.. 4,25 | 47..11,75 | 77..19,25 | 800.. 200,00 |
| 18.. 4,50 | 48..12,00 | 78..19,50 | 900.. 225,00 |
| 19.. 4,75 | 49..12,25 | 79..19,75 | 1000.. 250,00 |
| 20.. 5,00 | 50..12,50 | 80..20,00 | 2000.. 500,00 |
| 21.. 5,25 | 51..12,75 | 81..20,25 | 3000.. 750,00 |
| 22.. 5,50 | 52..13,00 | 82..20,50 | 4000..1000,00 |
| 23.. 5,75 | 53..13,25 | 83..20,75 | 5000..1250,00 |
| 24.. 6,00 | 54..13,50 | 84..21,00 | 6000..1500,00 |
| 25.. 6,25 | 55..13,75 | 85..21,25 | 7000..1750,00 |
| 26.. 6,50 | 56..14,00 | 86..21,50 | 8000..2000,00 |
| 27.. 6,75 | 57..14,25 | 87..21,75 | 9000..2250,00 |
| 28.. 7,00 | 58..14,50 | 88..22,00 | 10000..2500,00 |
| 29.. 7,25 | 59..14,75 | 89..22,25 | 20000..5000,00 |
| 30.. 7,50 | 60..15,00 | 90..22,50 | 30000..7500,00 |

25 centimes par jour font par an , 91 f. 25 c.

K 2

*A 26 centimes la chose.*

| val. f. c. | val. f. c. | val. f. c. | valent f. c. |
|---|---|---|---|
| 1..0,26 | 31.. 8.06 | 61..15,86 | 91.. 23,66 |
| 2..0,52 | 32.. 8,32 | 62..16,12 | 92.. 23,92 |
| 3..0,78 | 33.. 8,58 | 63..16,38 | 93.. 24,18 |
| 4..1,04 | 34.. 8,84 | 64..16,64 | 94.. 24,44 |
| 5..1,30 | 35.. 9,10 | 65..16,90 | 95.. 24,70 |
| 6..1,56 | 36.. 9,36 | 66..17,16 | 96.. 24,96 |
| 7..1,82 | 37.. 9,62 | 67..17,42 | 97.. 25,22 |
| 8..2,08 | 38.. 9,88 | 68..17,68 | 98.. 25,48 |
| 9..2,34 | 39..10,14 | 69..17,94 | 99.. 25,74 |
| 10..2,60 | 40..10,40 | 70..18,20 | 100.. 26,00 |
| 11..2,86 | 41..10,66 | 71..18,46 | 200.. 52,00 |
| 12..3,12 | 42..10,92 | 72..18,72 | 300.. 78,00 |
| 13..3,38 | 43..11,18 | 73..18,98 | 400.. 104,00 |
| 14..3,64 | 44..11.44 | 74..19,24 | 500.. 130,00 |
| 15..3,90 | 45..11 70 | 75..19,50 | 600.. 156,00 |
| 16..4,16 | 46..11,96 | 76..19,76 | 700.. 182,00 |
| 17..4.42 | 47..12,22 | 77..20,02 | 800.. 208,00 |
| 18..4,68 | 48..12,48 | 78..20,28 | 900.. 234,00 |
| 19..4,94 | 49..12,74 | 79..20,54 | 1000.. 260,00 |
| 20..5,20 | 50..13,00 | 80..20,80 | 2000.. 520,00 |
| 21..5,46 | 51..13,26 | 81..21,06 | 3000.. 780,00 |
| 22..5,72 | 52..13,52 | 82..21,32 | 4000..1040,00 |
| 23..5,98 | 53..13,78 | 83..21,58 | 5000..1300,00 |
| 24..6,24 | 54..14,04 | 84..21,84 | 6000..1560,00 |
| 25..6,50 | 55..14,30 | 85..22,10 | 7000..1820,00 |
| 26..6,76 | 56..14,56 | 86..22,36 | 8000..2080,00 |
| 27..7,02 | 57..14,82 | 87..22,62 | 9000..2340,00 |
| 28..7,28 | 58..15,08 | 88..22,88 | 10000..2600,00 |
| 29..7,54 | 59..15,34 | 89..23,14 | 20000..5200,00 |
| 30..7,80 | 60..15,60 | 90..23,40 | 30000..7800,00 |

26 centimes par jour font par an 94 f. 90 c.

*A 27 centimes la chose.*

| val. f. c. | val. f. c. | val. f. c. | valent f. c. |
|---|---|---|---|
| 1.. 0,27 | 31.. 8,37 | 61..16,47 | 91.. 24,57 |
| 2.. 0,54 | 32.. 8,64 | 62..16,74 | 92.. 24,84 |
| 3.. 0,81 | 33.. 8,91 | 63..17,01 | 93.. 25,11 |
| 4.. 1,08 | 34.. 9,18 | 64..17,28 | 94.. 25,38 |
| 5.. 1,35 | 35.. 9,45 | 65..17,55 | 95.. 25,65 |
| 6.. 1,62 | 36.. 9,72 | 66..17,82 | 96.. 25,92 |
| 7.. 1,89 | 37.. 9,99 | 67..18,09 | 97.. 26,19 |
| 8.. 2,16 | 38..10,26 | 68..18,36 | 98.. 26,46 |
| 9.. 2,43 | 39..10,53 | 69..18,63 | 99.. 26,73 |
| 10.. 2,70 | 40..10,80 | 70..18,90 | 100.. 27,00 |
| 11.. 2,97 | 41..11,07 | 71..19,17 | 200.. 54,00 |
| 12.. 3,24 | 42..11,34 | 72..19,44 | 300.. 81,00 |
| 13.. 3,51 | 43..11,61 | 73..19,71 | 400.. 108,00 |
| 14.. 3,78 | 44..11,88 | 74..19,98 | 500.. 135,00 |
| 15.. 4,05 | 45..12,15 | 75..20,25 | 600.. 162,00 |
| 16.. 4,32 | 46..12,42 | 76..20,52 | 700.. 189,00 |
| 17.. 4,59 | 47..12,69 | 77..20,79 | 800.. 216,00 |
| 18.. 4,86 | 48..12,96 | 78..21,06 | 900.. 243,00 |
| 19.. 5,13 | 49..13,23 | 79..21,33 | 1000.. 270,00 |
| 20.. 5,40 | 50..13,50 | 80..21,60 | 2000.. 540,00 |
| 21.. 5,67 | 51..13,77 | 81..21,87 | 3000.. 810,00 |
| 22.. 5,94 | 52..14,04 | 82..22,14 | 4000..1080,00 |
| 23.. 6,21 | 53..14,31 | 83..22,41 | 5000..1350,00 |
| 24.. 6,48 | 54..14,58 | 84..22,68 | 6000..1620,00 |
| 25.. 6,75 | 55..14,85 | 85..22,95 | 7000..1890,00 |
| 26.. 7,02 | 56..15,12 | 86..23,22 | 8000..2160,00 |
| 27.. 7,29 | 57..15,39 | 87..23,49 | 9000..2430,00 |
| 28.. 7,56 | 58..15,66 | 88..23,76 | 10000..2700,00 |
| 29.. 7,83 | 59..15,93 | 89..24,03 | 20000..5400,00 |
| 30.. 8,10 | 60..16,20 | 90..24,30 | 30000..8100,00 |

27 centimes par jour font par an 98 f. 55 c.

*A* 28 *centimes la chose.*

| val. f. c. | val. f. c. | val. f. c. | valent f. c. |
|---|---|---|---|
| 1.. 0,28 | 31.. 8,68 | 61..17,08 | 91.. 25,48 |
| 2.. 0,56 | 32.. 8,96 | 62..17,36 | 92.. 25,76 |
| 3.. 0,84 | 33.. 9,24 | 63..17,64 | 93.. 26,04 |
| 4.. 1,12 | 34.. 9,52 | 64..17,92 | 94.. 26,32 |
| 5.. 1,40 | 35.. 9,80 | 65..18,20 | 95.. 26,60 |
| 6.. 1,68 | 36..10,08 | 66..18,48 | 96.. 26,88 |
| 7.. 1,96 | 37..10,36 | 67..18,76 | 97.. 27,16 |
| 8.. 2,24 | 38..10,64 | 68..19,04 | 98.. 27,44 |
| 9.. 2,52 | 39..10,92 | 69..19,32 | 99.. 27,72 |
| 10.. 2,80 | 40..11,20 | 70..19,60 | 100.. 28,00 |
| 11.. 3,08 | 41..11,48 | 71..19,88 | 200.. 56,00 |
| 12.. 3,36 | 42..11,76 | 72..20,16 | 300.. 84,00 |
| 13.. 3,64 | 43..12,04 | 73..20,44 | 400.. 112,00 |
| 14.. 3,92 | 44..12,32 | 74..20,72 | 500.. 140,00 |
| 15.. 4,20 | 45..12,60 | 75..21,00 | 600.. 168,00 |
| 16.. 4,48 | 46..12,88 | 76..21,28 | 700.. 196,00 |
| 17.. 4,76 | 47..13,16 | 77..21,56 | 800.. 224,00 |
| 18.. 5,04 | 48..13,44 | 78..21,84 | 900.. 252,00 |
| 19.. 5,32 | 49..13,72 | 79.,22,12 | 1000.. 280,00 |
| 20.. 5,60 | 50..14,00 | 80..22,40 | 2000.. 560,00 |
| 21.. 6,88 | 51..14,28 | 81..22,68 | 3000.. 840,00 |
| 22.. 6,16 | 52..14,56 | 82..22,96 | 4000..1120,00 |
| 23.. 6,44 | 53..14,84 | 83..23,24 | 5000..1400,00 |
| 24.. 6,72 | 54..15,12 | 84..23,52 | 6000..1680,00 |
| 25.. 7,00 | 55..15,40 | 85..23,80 | 7000..1960,00 |
| 26.. 7,28 | 56..15,68 | 86..24,08 | 8000..2240,00 |
| 27.. 7,56 | 57..15,96 | 87.,24,36 | 9000..2520,00 |
| 28.. 7,84 | 58..16,24 | 88..24,64 | 10000..2800,00 |
| 29.. 8,12 | 59..16,52 | 89..24,92 | 20000..5600,00 |
| 30.. 8,40 | 60..16,80 | 90..25,20 | 30000..8400.00 |

**28 centimes par jour font par an 102 f. 20 c.**

*A 29 centimes la chose.*

| val. f. c. | val. f. c. | val. f. c. | valent f. c. |
|---|---|---|---|
| 1.. 0,29 | 31.. 8,99 | 61..17,69 | 91.. 26,39 |
| 2.. 0,58 | 32.. 9,28 | 62..17,98 | 92.. 26,68 |
| 3.. 0,87 | 33.. 9,57 | 63..18,27 | 93.. 26,97 |
| 4.. 1,16 | 34.. 9,86 | 64..18,56 | 94.. 27,26 |
| 5.. 1,45 | 35..10,15 | 65..18,85 | 95.. 27,55 |
| 6.. 1,74 | 36..10,44 | 66..19,14 | 96.. 27,84 |
| 7.. 2,03 | 37..10,73 | 67..19,43 | 97.. 28,13 |
| 8.. 2,32 | 38..11,02 | 68..19,72 | 98.. 28,42 |
| 9.. 2,61 | 39..11,31 | 69..20,01 | 99.. 28,71 |
| 10.. 2,90 | 40..11,60 | 70..20,30 | 100.. 29,00 |
| 11.. 3,19 | 41..11,89 | 71..20,59 | 200.. 58,00 |
| 12.. 3,48 | 42..12,18 | 72..20,88 | 300.. 87,00 |
| 13.. 3,77 | 43..12,47 | 73..21,17 | 400.. 116,00 |
| 14.. 4,06 | 44..12,76 | 74..21,46 | 500.. 145,00 |
| 15.. 4,35 | 45..13,05 | 75..21,75 | 600.. 174,00 |
| 16.. 4,64 | 46..13,34 | 76..22,04 | 700.. 203,00 |
| 17.. 4,93 | 47..13,63 | 77..22,33 | 800.. 232,00 |
| 18.. 5,22 | 48..13,92 | 78..22,62 | 900.. 261,00 |
| 19.. 5,51 | 49..14,21 | 79..22,91 | 1000.. 290,00 |
| 20.. 5,80 | 50..14,50 | 80..23,20 | 2000.. 580,00 |
| 21.. 6,09 | 51..14,79 | 81..23,49 | 3000.. 870,00 |
| 22.. 6,38 | 52..15,08 | 82..23,78 | 4000..1160,00 |
| 23.. 6,67 | 53..15,37 | 83..24,07 | 5000..1450,00 |
| 24.. 6,96 | 54..15,66 | 84..24,36 | 6000..1740,00 |
| 25.. 7,25 | 55..15,95 | 85..24,65 | 7000..2030,00 |
| 26.. 7,54 | 56..16,24 | 86..24,94 | 8000..2320,00 |
| 27.. 7,83 | 57..16,53 | 87..25,23 | 9000..2610,00 |
| 28.. 8,12 | 58..16,82 | 88..25,52 | 10000..2900,00 |
| 29.. 8,41 | 59..17,11 | 89..25,81 | 20000..5800,00 |
| 30.. 8,70 | 60..17,40 | 90..26,10 | 30000..8700,00 |

29 centimes par jour font par an, 105 f. 85 c.

*A 30 centimes la chose.*

| val. f. c. | val. f. c. | val. f. c. | valent f. c. |
|---|---|---|---|
| 1.. 0,30 | 31.. 9,30 | 61..18,30 | 91.. 27,30 |
| 2.. 0,60 | 32.. 9,60 | 62..18,60 | 92.. 27,60 |
| 3.. 0,90 | 33.. 9,90 | 63..18,90 | 93.. 27,90 |
| 4.. 1,20 | 34..10,20 | 64..19,20 | 94.. 28,20 |
| 5.. 1,50 | 35..10,50 | 65..19,50 | 95.. 28,50 |
| 6.. 1,80 | 36..10,80 | 66..19,80 | 96.. 28,80 |
| 7.. 2,10 | 37..11,10 | 67..20,10 | 97.. 29,10 |
| 8.. 2,40 | 38..11,40 | 68..20,40 | 98.. 29,40 |
| 9.. 2,70 | 39..11,70 | 69..20,70 | 99.. 29,70 |
| 10.. 3,00 | 40..12,00 | 70..21,00 | 100.. 30,00 |
| 11.. 3,30 | 41..12,30 | 71..21,30 | 200.. 60,00 |
| 12.. 3,60 | 42..12,60 | 72..21,60 | 300.. 90,00 |
| 13.. 3,90 | 43..12,90 | 73..21,90 | 400.. 120,00 |
| 14.. 4,20 | 44..13,20 | 74..22,20 | 500.. 150,00 |
| 15.. 4,50 | 45..13,50 | 75..22,50 | 600.. 180,00 |
| 16.. 4,80 | 46..13,80 | 76..22,80 | 700.. 210,00 |
| 17.. 5,10 | 47..14,10 | 77..23,10 | 800.. 240,00 |
| 18.. 5,40 | 48..14,40 | 78..23,40 | 900.. 270,00 |
| 19.. 5,70 | 49..14,70 | 79..23,70 | 1000.. 300,00 |
| 20.. 6,00 | 50..15,00 | 80..24,00 | 2000.. 600,00 |
| 21.. 6,30 | 51..15,30 | 81..24,30 | 3000.. 900,00 |
| 22.. 6,60 | 52..15,60 | 82..24,60 | 4000..1200,00 |
| 23.. 6,90 | 53..15,90 | 83..24,90 | 5000..1500,00 |
| 24.. 7,20 | 54..16,20 | 84..25,20 | 6000..1800,00 |
| 25.. 7,50 | 55..16,50 | 85..25,50 | 7000..2100,00 |
| 26.. 7,80 | 56..16,80 | 86..25,80 | 8000..2400,00 |
| 27.. 8,10 | 57..17,10 | 87..26,10 | 9000..2700,00 |
| 28.. 8,40 | 58..17,40 | 88..26,40 | 10000..3000,00 |
| 29.. 8,70 | 59..17,70 | 89..26,70 | 20000..6000,00 |
| 30.. 9,00 | 60..18,00 | 90..27 00 | 30000..9000,00 |

**30 centimes par jour font par an 109 f. 50 c.**

*A* 31 *centimes la chose.*

| val. f. c. | val. f. c. | val. f. c. | valent f. c. |
|---|---|---|---|
| 1.. 0,31 | 31.. 9,61 | 61..18,91 | 91.. 28,21 |
| 2.. 0,62 | 32.. 9,92 | 62..19,22 | 92.. 28,52 |
| 3.. 0,93 | 33..10,23 | 63..19,53 | 93.. 28,83 |
| 4.. 1,24 | 34..10,54 | 64..19,84 | 94.. 29,14 |
| 5.. 1,55 | 35..10,85 | 65..20,15 | 95.. 29,45 |
| 6.. 1,86 | 36..11,16 | 66..20,46 | 96.. 29,76 |
| 7.. 2,17 | 37..11,47 | 67..20,77 | 97.. 30,07 |
| 8.. 2,48 | 38..11,78 | 68..21,08 | 98.. 30,38 |
| 9.. 2,79 | 39..12,09 | 69..21,39 | 99.. 30,69 |
| 10.. 3,10 | 40..12,40 | 70..21,70 | 100.. 31,00 |
| 11.. 3,41 | 41..12,71 | 71..22,01 | 200.. 62,00 |
| 12.. 3,72 | 42..13,02 | 72..22,32 | 300.. 93,00 |
| 13.. 4,03 | 43..13,33 | 73..22,63 | 400.. 124,00 |
| 14.. 4,34 | 44..13,64 | 74..23,94 | 500.. 155,00 |
| 15.. 4,65 | 45..13,95 | 75..23,25 | 600.. 186,00 |
| 16.. 4,96 | 46..14,26 | 76..23,56 | 700.. 217,00 |
| 17.. 5,27 | 47..14,57 | 77..23,87 | 800.. 248,00 |
| 18.. 5,58 | 48..14,88 | 78..24,18 | 900.. 279,00 |
| 19.. 5,89 | 49..15,19 | 79..24,49 | 1000.. 310,00 |
| 20.. 6,20 | 50..15,50 | 80..24,80 | 2000.. 620,00 |
| 21.. 6,51 | 51..15,81 | 81..25,11 | 3000.. 930,00 |
| 22.. 6,82 | 52..16,12 | 82..25,42 | 4000..1240,00 |
| 23.. 7,13 | 53..16,43 | 83..25,73 | 5000..1550,00 |
| 24.. 7,44 | 54..16,74 | 84..26,04 | 6000..1860,00 |
| 25.. 7,75 | 55..17,05 | 85..26,35 | 7000..2170,00 |
| 26.. 8,06 | 56..17,36 | 86..26,66 | 8000..2480,00 |
| 27.. 8,37 | 57..17,67 | 87..26,97 | 9000..2790,00 |
| 28.. 8,68 | 58..17,98 | 88..27,28 | 10000..3100,00 |
| 29.. 8,99 | 59..18,29 | 89..27,59 | 20000..6200,00 |
| 30.. 9,30 | 60..18,60 | 90..27,90 | 30000..9300,00 |

31 centimes par jour font par an, 113 f. 15 c.

*A 32 centimes la chose.*

| val. f. c. | val. f. c. | val. f. c. | valent f. c. |
|---|---|---|---|
| 1.. 0,32 | 31.. 9,92 | 61..19,52 | 91.. 29,12 |
| 2.. 0,64 | 32..10,24 | 62..19,84 | 92.. 29,44 |
| 3.. 0,96 | 33..10,56 | 63..20,16 | 93.. 29,76 |
| 4.. 1,28 | 34..10,88 | 64..20,48 | 94.. 30,08 |
| 5.. 1,60 | 35..11,20 | 65..20,80 | 95.. 30,40 |
| 6.. 1,92 | 36..11,52 | 66..21,12 | 96.. 30,72 |
| 7.. 2,24 | 37..11,84 | 67..21,44 | 97.. 31,04 |
| 8.. 2,56 | 38..12,16 | 68..21,76 | 98.. 31,36 |
| 9.. 2,88 | 39..12,48 | 69..22,08 | 99.. 31,68 |
| 10.. 3,20 | 40..12,80 | 70..22,40 | 100.. 32,00 |
| 11.. 3,52 | 41..13,12 | 71..22,72 | 200.. 64,00 |
| 12.. 3,84 | 42..13,44 | 72..23,04 | 300.. 96,00 |
| 13.. 4,16 | 43..13,76 | 73..23,36 | 400.. 128,00 |
| 14.. 4,48 | 44..14,08 | 74..23,68 | 500.. 160,00 |
| 15.. 4,80 | 45..14,40 | 75..24,00 | 600.. 192,00 |
| 16.. 5,12 | 46..14,72 | 76..24,32 | 700.. 224,00 |
| 17.. 5,44 | 47..15,04 | 77..24,64 | 800.. 256,00 |
| 18.. 5,76 | 48..15,36 | 78..24,96 | 900.. 288,00 |
| 19.. 6,08 | 49..15,68 | 79..25,28 | 1000.. 320,00 |
| 20.. 6,40 | 50..16,00 | 80..25,60 | 2000.. 640,00 |
| 21.. 6,72 | 51..16,32 | 81..25,92 | 3000.. 960,00 |
| 22.. 7,04 | 52..16,64 | 82..26,24 | 4000..1280,00 |
| 23.. 7,36 | 53..16,96 | 83..26,56 | 5000..1600,00 |
| 24.. 7,68 | 54..17,28 | 84..26,88 | 6000..1920,00 |
| 25.. 8,00 | 55..17,60 | 85..27,20 | 7000..2240,00 |
| 26.. 8,32 | 56..17,92 | 86..27,52 | 8000..2560,00 |
| 27.. 8,64 | 57..18,24 | 87..27,84 | 9000..2880,00 |
| 28.. 8,96 | 58..18,56 | 88..28,16 | 10000..3200,00 |
| 29.. 9,28 | 59..18,88 | 89..28,48 | 20000..6400,00 |
| 30.. 9,60 | 60..19,20 | 90..28,80 | 30000..9600,00 |

32 centimes par jour font par an 116 f. 80 c.

*A* 33 *centimes la chose.*

| val. f. c. | val. f. c. | val. f. c. | valent f. c. |
|---|---|---|---|
| 1.. 0,33 | 31..10,23 | 61..20,13 | 91.. 30,03 |
| 2.. 0,66 | 32..10,56 | 62..20,46 | 92.. 30,36 |
| 3.. 0,99 | 33..10,89 | 63..20,79 | 93.. 30,69 |
| 4.. 1,32 | 34..11,22 | 64..21,12 | 94.. 31,02 |
| 5.. 1,65 | 35..11,55 | 65..21,45 | 95.. 31,35 |
| 6.. 1,98 | 36..11,88 | 66..21,78 | 96.. 31,68 |
| 7.. 2,31 | 37..12,21 | 67..22,11 | 99.. 32,01 |
| 8.. 2,64 | 38..12,54 | 68..22,44 | 98.. 32,34 |
| 9.. 2,97 | 39..12,87 | 69..22,77 | 99.. 32,67 |
| 10.. 3,30 | 40..13,20 | 70..23,10 | 100.. 33,00 |
| 11.. 3,63 | 41..13,53 | 71..23,43 | 200.. 66,00 |
| 12.. 3,96 | 42..13,86 | 72..23,76 | 300.. 99,00 |
| 13.. 4,29 | 43..14,19 | 73..24,09 | 400.. 132,00 |
| 14.. 4,62 | 44..14,52 | 74..24,42 | 500.. 165,00 |
| 15.. 4,95 | 45..14,85 | 75..24,75 | 600.. 198,00 |
| 16.. 5,28 | 46..15,18 | 76..25,08 | 700.. 231,00 |
| 17.. 5,61 | 47..15,51 | 77..25,41 | 800.. 264,00 |
| 18.. 5,94 | 48..15,84 | 78..25,74 | 900.. 297,00 |
| 19.. 6,27 | 49..16,17 | 79..26,07 | 1000.. 330,00 |
| 20.. 6,60 | 50..16,50 | 80..26,40 | 2000.. 660,00 |
| 21.. 6,93 | 51..16,83 | 81..26,73 | 3000.. 990,00 |
| 22.. 7,26 | 52..17,16 | 82..27,06 | 4000..1320,00 |
| 23.. 7,59 | 53..17,49 | 83..27,39 | 5000..1650,00 |
| 24.. 7,92 | 54..17,82 | 84..27,72 | 6000..1980,00 |
| 25.. 8,25 | 55..18,15 | 85..28,05 | 7000..2310,00 |
| 26.. 8,58 | 56..18,48 | 86..28,38 | 8000..2640,00 |
| 27.. 8,91 | 57..18,81 | 87..28,71 | 9000..2970,00 |
| 28.. 9,24 | 58..19,14 | 88..29,04 | 10000..3300,00 |
| 29.. 9,57 | 59..19,47 | 89..29,37 | 20000..6600,00 |
| 30.. 9,90 | 60..19,80 | 90..29,70 | 30000..9900,00 |

33 centimes par jour font par an , 120 f. 45 c.

*A* 34 *centimes la chose.*

| val. f. c. | val. f. c. | val. f. c. | valent f. c. |
|---|---|---|---|
| 1.. 0,34 | 31..10,54 | 61..20,74 | 91.. 30,94 |
| 2.. 0,68 | 32..10,88 | 62..21,08 | 92.. 31,28 |
| 3.. 1,02 | 33..11,22 | 63..21,42 | 93.. 31,62 |
| 4.. 1,36 | 34..11,56 | 64..21,76 | 94.. 31,96 |
| 5.. 1,70 | 35..11,90 | 65..22,10 | 95.. 32,30 |
| 6.. 2,04 | 36..12,24 | 66..22,44 | 96.. 32,64 |
| 7.. 2,38 | 37..12,58 | 67..22,78 | 97.. 32,98 |
| 8.. 2,72 | 38..12,92 | 68..23,12 | 98.. 33,32 |
| 9.. 3,06 | 39..13,26 | 69..23,46 | 99.. 33,66 |
| 10.. 3,40 | 40..13,60 | 70..23,80 | 100.. 34,00 |
| 11.. 3,74 | 41..13,94 | 71..24,14 | 200.. 68,00 |
| 12.. 4,08 | 43..14,28 | 72..24,48 | 300.. 102,00 |
| 13.. 4,42 | 43..14,62 | 73..24,82 | 400.. 136,00 |
| 14.. 4,76 | 44..14,96 | 74..25,16 | 500.. 170,00 |
| 15.. 5,10 | 45..15,30 | 75..25,50 | 600.. 204,00 |
| 16.. 5,44 | 46..15,64 | 76..25,84 | 700.. 238,00 |
| 17.. 5,78 | 47..15,98 | 77..26,18 | 800.. 272,00 |
| 18.. 6,12 | 48..16,32 | 78..26,52 | 900.. 306,00 |
| 19.. 6,46 | 49..16,66 | 79..26,86 | 1000.. 340,00 |
| 20.. 6,80 | 50..17,00 | 80..27,20 | 2000.. 680,00 |
| 21.. 7,14 | 51..17,34 | 81..27,54 | 3000.. 1020,00 |
| 22.. 7,48 | 52..17,68 | 82..27,88 | 4000.. 1360,00 |
| 23.. 7,82 | 53..18,02 | 83..28,22 | 5000.. 1700,00 |
| 24.. 8,16 | 54..18,36 | 84..28,56 | 6000.. 2040,00 |
| 25.. 8,50 | 55..18,70 | 85..28,90 | 7000.. 2380,00 |
| 26.. 8,84 | 56..19,04 | 86..29,24 | 8000.. 2720,00 |
| 27.. 9,18 | 57..19,38 | 87..29,58 | 9000.. 3060,00 |
| 28.. 9,52 | 58..19,72 | 88..29,92 | 10000.. 3400,00 |
| 29.. 9,86 | 59..20,06 | 89..30,26 | 20000.. 6800,00 |
| 30..10,20 | 60..20,40 | 90..30,60 | 30000..10200,00 |

34 centimes par jour font par an, 124 f. 10 c.

*A* 35 *centimes la chose.*

| val. f. c. | val. f. c. | val. f. c. | valent f. c. |
|---|---|---|---|
| 1.. 0,35 | 31..10,85 | 61..21,35 | 91.. 31,85 |
| 2.. 0,70 | 32..11,20 | 62..21,70 | 92.. 32,20 |
| 3.. 1,05 | 33..11,55 | 63..22,05 | 93.. 32,55 |
| 4.. 1,40 | 34..11,90 | 64..22,40 | 94.. 32,90 |
| 5.. 1,75 | 35..12,25 | 65..22,75 | 95.. 33,25 |
| 6.. 2,10 | 36..12,60 | 66..23,10 | 96.. 33,60 |
| 7.. 2,45 | 37..12,95 | 67..23,45 | 97.. 33,95 |
| 8.. 2,80 | 38..13,30 | 68..23,80 | 98.. 34,30 |
| 9.. 3,15 | 39..13,65 | 69..24,15 | 99.. 34,65 |
| 10..3,50 | 40..14,00 | 70..24,50 | 100.. 35,00 |
| 11..3,85 | 41..14,35 | 71..24,85 | 200.. 70,00 |
| 12..4,20 | 42..14,70 | 72..25,20 | 300.. 105,00 |
| 13..4,55 | 43..15,05 | 73..25,55 | 400.. 140,00 |
| 14..4,90 | 44..15,40 | 74..25,90 | 500.. 175,00 |
| 15..5,25 | 45..15,75 | 75..26,25 | 600.. 210,00 |
| 16..5,60 | 46..16,10 | 76..26,60 | 700.. 245,00 |
| 17..5,95 | 47..16,45 | 77..26,95 | 800.. 280,00 |
| 18..6,30 | 48..16,80 | 78..27,30 | 900.. 315,00 |
| 19..6,65 | 49..17,15 | 79..27,65 | 1000.. 350,00 |
| 20..7,00 | 50..17,50 | 80..28,00 | 2000.. 700,00 |
| 21..7,35 | 51..17,85 | 81..28,35 | 3000.. 1050,00 |
| 22..7,70 | 52..18,20 | 82..28,70 | 4000.. 1400,00 |
| 23..8,05 | 53..18,55 | 83..29,05 | 5000.. 1750,00 |
| 24..8,40 | 54..18,90 | 84..29,40 | 6000.. 2100,00 |
| 25..8,75 | 55..19,25 | 85..29,75 | 7000.. 2450,00 |
| 26..9,10 | 56..19,60 | 86..30,10 | 8000.. 2800,00 |
| 27..9,45 | 57..19,95 | 87..30,45 | 9000.. 3150,00 |
| 28..9,80 | 58..20,30 | 88..30,80 | 10000.. 3500,00 |
| 29..10,15 | 59..20,65 | 89..31,15 | 20000.. 7000,00 |
| 30..10,50 | 60..21,00 | 90..31,50 | 30000..10500,00 |

35 centimes par jour font par an , 127 f. 75 c.

L

*A 36 centimes la chose.*

| val. f. c. | val. f. c. | val. f. c. | valent f. c. |
|---|---|---|---|
| 1.. 0,36 | 31..11,16 | 61..21,96 | 91.. 32,76 |
| 2.. 0,72 | 32..11,52 | 62..22,32 | 92.. 33,12 |
| 3.. 1,08 | 33..11,88 | 63..22,68 | 93.. 33,48 |
| 4.. 1,44 | 34..12,24 | 64..23,04 | 94.. 33,84 |
| 5.. 1,80 | 35..12,60 | 65..23,40 | 95.. 34,20 |
| 6.. 2,16 | 36..12,96 | 66..23,76 | 96.. 34,56 |
| 7.. 2,52 | 36..13,32 | 67..24,12 | 97.. 34,92 |
| 8.. 2,88 | 38..13,68 | 68..24,48 | 98.. 35,28 |
| 9.. 3,24 | 39..14,04 | 69..24,84 | 99.. 35,64 |
| 10.. 3,60 | 40..14,40 | 70..25,20 | 100.. 36,00 |
| 11.. 3,96 | 41..14,76 | 71..25,56 | 200.. 72,00 |
| 12.. 4,32 | 42..15,12 | 72..25,92 | 300.. 108,00 |
| 13.. 4,68 | 43..15,48 | 73..26,28 | 400.. 144,00 |
| 14.. 5,04 | 44..15,84 | 74..26,64 | 500.. 180,00 |
| 15.. 5,40 | 45..16,20 | 75..27,00 | 600.. 216,00 |
| 16.. 5,76 | 46..16,56 | 76..27,36 | 700.. 252,00 |
| 17.. 6,12 | 47..16,92 | 77..27,72 | 800.. 288,00 |
| 18.. 6,48 | 48..17,28 | 78..28,08 | 900.. 324,00 |
| 19.. 6,84 | 49..17,64 | 79..28,44 | 1000.. 360,00 |
| 20.. 7,20 | 50..18,00 | 80..28,80 | 2000.. 720,00 |
| 21.. 7,56 | 51..18,36 | 81..29,16 | 3000.. 1080,00 |
| 22.. 7,92 | 52..18,72 | 82..29,52 | 4000.. 1440,00 |
| 23.. 8,28 | 53..19,08 | 83..29,88 | 5000.. 1800,00 |
| 24.. 8,64 | 54..19,44 | 84..30,24 | 6000.. 2160,00 |
| 25.. 9,00 | 55..19,80 | 85..30,60 | 7000.. 2520,00 |
| 26.. 9,36 | 56..20,16 | 86..30,96 | 8000.. 2880,00 |
| 27.. 9,72 | 57..20,52 | 87..31,32 | 9000.. 3240,00 |
| 28..10,08 | 58..20,88 | 88..31,68 | 10000.. 3600,00 |
| 29..10,44 | 59..21,24 | 89..32,04 | 20000.. 7200,00 |
| 30..10,80 | 60..21,60 | 90..32,40 | 30000..10800,00 |

36 centimes par jour font par an, 131 f. 40c.

*A 37 centimes la chose.*

| val. f. c. | val. f. c. | val. f. c. | valent f. c. |
|---|---|---|---|
| 1.. 0,37 | 31..11,47 | 61..22,57 | 91.. 33,67 |
| 2.. 0,74 | 32..11,84 | 62..22,94 | 92.. 34,04 |
| 3.. 1,11 | 33..12,21 | 63..23,31 | 93.. 34,41 |
| 4.. 1,48 | 34..12,58 | 64..23,68 | 94.. 34,78 |
| 5.. 1,85 | 35..12,95 | 65..24,05 | 95.. 35,15 |
| 6.. 2,22 | 36..13,32 | 66..24,42 | 96.. 35,52 |
| 7.. 2,59 | 37..13,69 | 67..24,79 | 97.. 35,89 |
| 8.. 2,96 | 38..14,06 | 68..25,16 | 98.. 36,26 |
| 9.. 3,33 | 39..14,43 | 69..25,53 | 99.. 36,63 |
| 10.. 3,70 | 40..14,80 | 70..25,90 | 100.. 37,00 |
| 11.. 4,07 | 41..15,17 | 71..26,27 | 200.. 74,00 |
| 12.. 4,44 | 42..15,54 | 72..26,64 | 300.. 111,00 |
| 13.. 4,81 | 43..15,91 | 73..27,01 | 400.. 148,00 |
| 14.. 5,18 | 44..16,28 | 74..27,38 | 500.. 185,00 |
| 15.. 5,55 | 45..16,65 | 75..27,75 | 600.. 222,00 |
| 16.. 5,92 | 46..17,02 | 76..28,12 | 700.. 259,00 |
| 17.. 6,29 | 47..17,39 | 77..28,49 | 800.. 296,00 |
| 18.. 6,66 | 48..17,76 | 78..28,86 | 900.. 333,00 |
| 19.. 7,03 | 49..18,13 | 79..29,23 | 1000.. 370,00 |
| 20.. 7,40 | 50..18,50 | 80..29,60 | 2000.. 740,00 |
| 21.. 7,77 | 51..18,87 | 81..29,97 | 3000.. 1110,00 |
| 22.. 8,14 | 52..19,24 | 82..30,34 | 4000.. 1480,00 |
| 23.. 8,51 | 53..19,61 | 83..30,71 | 5000.. 1850,00 |
| 24.. 8,88 | 54..19,98 | 84..31,08 | 6000.. 2220,00 |
| 25.. 9,25 | 55..20,35 | 85..31,45 | 7000.. 2590,00 |
| 26.. 9,62 | 56..20,72 | 86..31,82 | 8000.. 2960,00 |
| 27.. 9,99 | 57..21,09 | 87..32,19 | 9000.. 3330,00 |
| 28..10,36 | 58..21,46 | 88..32,56 | 10000.. 3700,00 |
| 29..10,73 | 59..21,83 | 89..32,93 | 20000.. 7400,00 |
| 30..11,10 | 60..22,20 | 90..33,30 | 30000..11100,00 |

37 centimes par jour font par an 135 f. 05 c.

*A 38 centimes la chose.*

| val. f. c. | val. f. c. | val. f. c. | valent | f. c. |
|---|---|---|---|---|
| 1.. 0,38 | 31..11,78 | 61..23,18 | 91.. | 34,58 |
| 2.. 0,76 | 32..12,16 | 62..23,56 | 92.. | 34,96 |
| 3.. 1,14 | 33..12,54 | 63..23,94 | 93.. | 35,34 |
| 4.. 1,52 | 34..12,92 | 64..24,32 | 94.. | 35,72 |
| 5.. 1,90 | 35..13,30 | 65..24,70 | 95.. | 36,10 |
| 6.. 2,28 | 36..13,68 | 66..25,08 | 96.. | 36,48 |
| 7.. 2,66 | 37..14,06 | 67..25,46 | 97.. | 36,86 |
| 8.. 3,04 | 38..14,44 | 68..25,84 | 98.. | 37,24 |
| 9.. 3,42 | 39..14,82 | 69..26,22 | 99.. | 37,62 |
| 10.. 3,80 | 40..15,20 | 70..26,60 | 100.. | 38,00 |
| 11.. 4,18 | 41..15,58 | 71..26,98 | 200.. | 76,00 |
| 12.. 4,56 | 42..15,96 | 72..27,36 | 300.. | 114,00 |
| 13.. 4,94 | 43..16,34 | 73..27,74 | 400.. | 152,00 |
| 14.. 5,32 | 44..16,72 | 74..28,12 | 500.. | 190,00 |
| 15.. 5,70 | 45..17,10 | 75..28,50 | 600.. | 228,00 |
| 16.. 6,08 | 46..17,48 | 76..28,88 | 700.. | 266,00 |
| 17.. 6,46 | 47..17,86 | 77..29,26 | 800.. | 304,00 |
| 18.. 6,84 | 48..18,24 | 78..29,64 | 900.. | 342,00 |
| 19.. 7,22 | 49..18,62 | 79..30,02 | 1000.. | 380,00 |
| 20.. 7,60 | 50..19,00 | 80..30,40 | 2000.. | 760,00 |
| 21.. 7,98 | 51..19,38 | 81..30,78 | 3000.. | 1140,00 |
| 22.. 8,36 | 52..19,76 | 82..31,16 | 4000.. | 1520,00 |
| 23.. 8,74 | 53..20,14 | 83..31,54 | 5000.. | 1900,00 |
| 24.. 9,12 | 54..20,52 | 84..31,92 | 6000.. | 2280,00 |
| 25.. 9,50 | 55..20,90 | 85..32,30 | 7000.. | 2660,00 |
| 26.. 9,88 | 56..21,28 | 86..32,68 | 8000.. | 3040,00 |
| 27..10,26 | 57..21,66 | 87..33,06 | 9000.. | 3420,00 |
| 28..10,64 | 58..22,04 | 88..33,44 | 10000.. | 3800,00 |
| 29..11,02 | 59..22,42 | 89..33,82 | 20000.. | 7600,00 |
| 30..11,40 | 60..22,80 | 90..34,20 | 30000.. | 11400,00 |

38 centimes par jour font par an 138 f. 70 c.

*A 39 centimes la chose.*

| val. f. c. | val. f. c. | val. f. c. | valent | f. c. |
|---|---|---|---|---|
| 1.. 0,39 | 31..12,09 | 61..23,79 | 91.. | 35,49 |
| 2.. 0,78 | 32..12,48 | 62..24,18 | 92.. | 35,88 |
| 3.. 1,17 | 33..12,87 | 63..24,57 | 93.. | 36,27 |
| 4.. 1,56 | 34..13,26 | 64..24,96 | 94.. | 36,66 |
| 5.. 1,95 | 35..13,65 | 65..25,35 | 95.. | 37,05 |
| 6.. 2,34 | 36..14,04 | 66..25,74 | 96.. | 37,44 |
| 7.. 2,73 | 37..14,43 | 67..26,13 | 97.. | 37,83 |
| 8.. 3,12 | 38..14,82 | 68..26,52 | 98.. | 38,22 |
| 9.. 3,51 | 39..15,21 | 69..26,91 | 99.. | 38,61 |
| 10.. 3,90 | 40..15,60 | 70..27,30 | 100.. | 39,00 |
| 11.. 4,29 | 41..15 99 | 71..27,69 | 200.. | 78,00 |
| 12.. 4,68 | 42..16,38 | 72..28,08 | 300.. | 117,00 |
| 13.. 5,07 | 43..16,77 | 73..28,47 | 400.. | 156,00 |
| 14.. 5,46 | 44..17,16 | 74. 28,86 | 500.. | 195,00 |
| 15.. 5,85 | 45..17,55 | 75..29,25 | 600.. | 234,00 |
| 16.. 6.2.. | 46..17,94 | 76..29,64 | 700.. | 273,00 |
| 17.. 6,63 | 47..18,33 | 77..30,03 | 800.. | 312,00 |
| 18.. 7,02 | 48..18,72 | 78..30,42 | 900.. | 351,00 |
| 19.. 7,41 | 49..19,11 | 79..30,81 | 1000.. | 390,00 |
| 20.. 7,80 | 50..19 50 | 80..31,20 | 2000.. | 780,00 |
| 21.. 8 19 | 51..19,89 | 81..31,59 | 3000.. | 1170,00 |
| 22.. 8,58 | 52..20,28 | 82..31,98 | 4000.. | 1560,00 |
| 23.. 8,97 | 53..20,67 | 83..32,37 | 5000.. | 1950,00 |
| 24.. 9,36 | 54..21,06 | 84. 32,76 | 6000.. | 2340,00 |
| 25.. 9,75 | 55..21,45 | 85..33,15 | 7000.. | 2730,00 |
| 26..10,14 | 56..21,84 | 86..33,54 | 8000.. | 3120,00 |
| 27..10,53 | 57..22,23 | 87..33,93 | 9000.. | 3510,00 |
| 28..10,92 | 58..22,62 | 88..34,32 | 10000.. | 3900,00 |
| 29..11,31 | 59..23,01 | 89..34,71 | 20000.. | 7800,00 |
| 30..11,70 | 60..23,40 | 90..35,10 | 30000.. | 11700,00 |

39 centimes par jour font par an, 142 f. 35 c.

*A 40 centimes la chose.*

| val. f. c. | val. f. c. | val. f. c. | valent f. c. |
|---|---|---|---|
| 1.. 0,40 | 31..12,40 | 61..24,40 | 91.. 36,40 |
| 2.. 0,80 | 32..12,80 | 62..24,80 | 92.. 36,80 |
| 3.. 1,20 | 33..13,20 | 63..25,20 | 93.. 37,20 |
| 4.. 1,60 | 34..13,60 | 64..25,60 | 94.. 37,60 |
| 5.. 2,00 | 35..14,00 | 65..26,00 | 95.. 38,00 |
| 6.. 2,40 | 36..14,40 | 66..26,40 | 96.. 38,40 |
| 7.. 2,80 | 37..14,80 | 67..26,80 | 97.. 38,80 |
| 8.. 3,20 | 38..15,20 | 68..27,20 | 98.. 39,20 |
| 9.. 3,60 | 39..15,60 | 69..27,60 | 99.. 39,60 |
| 10.. 4,00 | 40..16,00 | 70..28,00 | 100.. 40,00 |
| 11.. 4,40 | 41..16,40 | 71..28,40 | 200.. 80,00 |
| 12.. 4,80 | 42..16,80 | 72..28,80 | 300.. 120,00 |
| 13.. 5,20 | 43..17,20 | 73..29,20 | 400.. 160,00 |
| 14.. 5,60 | 44..17,60 | 74..29,60 | 500.. 200,00 |
| 15.. 6,00 | 45..18,00 | 75..30,00 | 600.. 240,00 |
| 16.. 6,40 | 46..18,40 | 76..30,40 | 700.. 280,00 |
| 17.. 6,80 | 47..18,80 | 77..30,80 | 800.. 320,00 |
| 18.. 7,20 | 48..19,20 | 78..31,20 | 900.. 360,00 |
| 19.. 7,60 | 49..19,60 | 79..31,60 | 1000.. 400,00 |
| 20.. 8,00 | 50..20,00 | 80..32,00 | 2000.. 800,00 |
| 21.. 8,40 | 51..20,40 | 81..32,40 | 3000.. 1200,00 |
| 22.. 8,80 | 52..20,80 | 82..32,80 | 4000.. 1600,00 |
| 23.. 9,20 | 53..21,20 | 83..33,20 | 5000.. 2000,00 |
| 24.. 9,60 | 54..21,60 | 84..33,60 | 6000.. 2400,00 |
| 25..10,00 | 55..22,00 | 85..34,00 | 7000.. 2800,00 |
| 26..10,40 | 56..22,40 | 86..34,40 | 8000.. 3200,00 |
| 27..10,80 | 57..22,80 | 87..34,80 | 9000.. 3600,00 |
| 28..11,20 | 58..23,20 | 88..35,20 | 10000.. 4000,00 |
| 29..11,60 | 59..23,60 | 89..35,60 | 20000.. 8000,00 |
| 30..12,00 | 60..24,00 | 90..36,00 | 30000..12000,00 |

40 centimes par jour sont par an 146 f. 00 c.

*A 41 centimes la chose.*

| val. f. c. | val. f. c. | val. f. c. | valent f. c. |
|---|---|---|---|
| 1.. 0,41 | 31.. 12,71 | 61.. 25,01 | 91.. 37,31 |
| 2.. 0,82 | 32.. 13,12 | 62.. 25,42 | 92.. 37,72 |
| 3.. 1,23 | 33.. 13,53 | 63.. 25,83 | 93.. 38,13 |
| 4.. 1,64 | 34.. 13,94 | 64.. 26,24 | 94.. 38,54 |
| 5.. 2,05 | 35.. 14,35 | 65.. 26,65 | 95.. 38,95 |
| 6.. 2,46 | 36.. 14,76 | 66.. 27,06 | 96.. 39,36 |
| 7.. 2,87 | 37.. 15,17 | 67.. 27,47 | 97.. 39,77 |
| 8.. 3,28 | 38.. 15,58 | 68.. 27,88 | 98.. 40,18 |
| 9.. 3,69 | 39.. 15,99 | 69.. 28,29 | 99.. 40,59 |
| 10.. 4,10 | 40.. 16,40 | 70.. 28,70 | 100.. 41,00 |
| 11.. 4,51 | 41.. 16,81 | 71.. 29,11 | 200.. 82,00 |
| 12.. 4,92 | 42.. 17,22 | 72.. 29,52 | 300.. 123,00 |
| 13.. 5,33 | 43.. 17,63 | 73.. 29,93 | 400.. 164,00 |
| 14.. 5,74 | 44.. 18,04 | 74.. 30,34 | 500.. 205,00 |
| 15.. 6,15 | 45.. 18,45 | 75.. 30,75 | 600.. 246,00 |
| 16.. 6,56 | 46.. 18,86 | 76.. 31,16 | 700.. 287,00 |
| 17.. 6,97 | 47.. 19,27 | 77.. 31,57 | 800.. 328,00 |
| 18.. 7,38 | 48.. 19,68 | 78.. 31,98 | 900.. 369,00 |
| 19.. 7,79 | 49.. 20,09 | 79.. 32,39 | 1000.. 410,00 |
| 20.. 8,20 | 50.. 20,50 | 80.. 32,80 | 2000.. 820,00 |
| 21.. 8,61 | 51.. 20,91 | 81.. 33,21 | 3000.. 1230,00 |
| 22.. 9,02 | 52.. 21,32 | 82.. 33,62 | 4000.. 1640,00 |
| 23.. 9,43 | 53.. 21,73 | 83.. 34,03 | 5000.. 2050,00 |
| 24.. 9,84 | 54.. 22,14 | 84.. 34,44 | 6000.. 2460,00 |
| 25.. 10,25 | 55.. 22,55 | 85.. 34,85 | 7000.. 2870,00 |
| 26.. 10,66 | 56.. 22,96 | 86.. 35,26 | 8000.. 3280,00 |
| 27.. 11,07 | 57.. 23,37 | 87.. 35,67 | 9000.. 3690,00 |
| 28.. 11,48 | 58.. 23,78 | 88.. 36,08 | 10000.. 4100,00 |
| 29.. 11,89 | 59.. 24,19 | 89.. 36,49 | 20000.. 8200,00 |
| 30.. 12,30 | 60.. 24,60 | 90.. 36,90 | 30000.. 12300,00 |

41 centimes par jour font par an, 149 f. 65 c.

*A 42 centimes la chose.*

| val. f. c. | val. f. c. | val. f. c. | valent f. c. |
|---|---|---|---|
| 1.. 0,42 | 31..13,02 | 61..25,62 | 91.. 38,22 |
| 2.. 0,84 | 32..13,44 | 62..26,04 | 92.. 38,64 |
| 3.. 1,26 | 33..13,86 | 63..26,46 | 93.. 39,06 |
| 4.. 1,68 | 34..14,28 | 64..26,88 | 94.. 39,48 |
| 5.. 2,10 | 35..14,70 | 65..27,30 | 95.. 39,90 |
| 6.. 2,52 | 36..15,12 | 66..27,72 | 96.. 40,32 |
| 7.. 2,94 | 37..15,54 | 67..28,14 | 97.. 40,74 |
| 8.. 3,36 | 38..15,96 | 68..28,56 | 98.. 41,16 |
| 9.. 3,78 | 39..16,38 | 69..28,98 | 99.. 41,58 |
| 10.. 4,20 | 40..16,80 | 70..29,40 | 100.. 42,00 |
| 11.. 4,62 | 41..17,22 | 71..29,82 | 200.. 84,00 |
| 12.. 5,04 | 42..17,64 | 72..30,24 | 300.. 126,00 |
| 13.. 5,46 | 43..18,06 | 73..30,66 | 400.. 168,00 |
| 14.. 5,88 | 44..18,48 | 74..31,08 | 500.. 210,00 |
| 15.. 6,30 | 45..18,90 | 75..31,50 | 600.. 252,00 |
| 16.. 6,72 | 49..19,32 | 76..31,92 | 700.. 294,00 |
| 17.. 7,14 | 47..19,74 | 77..32,34 | 800.. 336,00 |
| 18.. 7,56 | 48..20,16 | 78..32,76 | 900.. 378,00 |
| 19.. 7,98 | 49..20,58 | 79..33,18 | 1000.. 420,00 |
| 20.. 8,40 | 50..21,00 | 80..33,60 | 2000.. 840,00 |
| 21.. 8,82 | 51..21,42 | 81..34,02 | 3000.. 1260,00 |
| 22.. 9,24 | 52..21,84 | 82..34,44 | 4000.. 1680,00 |
| 23.. 9,66 | 53..22,26 | 83..34,86 | 5000.. 2100,00 |
| 24..10.08 | 54..22,68 | 84..35,28 | 6000.. 2520,00 |
| 25..10.50 | 55..23,10 | 85..35,70 | 7000.. 2940,00 |
| 26..10,92 | 56..23,52 | 86..36,12 | 8000.. 3360,00 |
| 27..11,34 | 57..23.94 | 87..36,54 | 9000.. 3780,00 |
| 28..11,76 | 58..24.36 | 8 ..36,9 | 10000.. 4200,00 |
| 29..12,18 | 59..24,78 | 89..37,38 | 20000.. 8400,00 |
| 30..12,60 | 60..25.20 | 0..37,80 | 30000..12600.00 |

42 centimes par jour font par an ; 153 f. 30 c.

*A 43 centimes la chose.*

| val. f. c. | val. f. c. | val. f. c. | val. f. c. |
|---|---|---|---|
| 1.. 0,43 | 31..13,33 | 61..26,23 | 91.. 39,13 |
| 2.. 0,86 | 32..13,76 | 62..26,66 | 92.. 39,56 |
| 3.. 1,29 | 33..14,19 | 63..27,09 | 93.. 39,99 |
| 4 1,72 | 34..14,62 | 64..27,52 | 94.. 40,42 |
| 5.. 2,15 | 35..15,05 | 65..27,95 | 95.. 40,85 |
| 6.. 2,58 | 36..15,48 | 66..28,38 | 96.. 41,28 |
| 7.. 3,01 | 37..15,91 | 67..28,81 | 99.. 41,71 |
| 8.. 3,44 | 38..16,34 | 68..29.24 | 98.. 42,14 |
| 9.. 3,87 | 39..16,77 | 69..29,67 | 99.. 42.57 |
| 10.. 4,30 | 40..17,20 | 70..30,10 | 100.. 43,00 |
| 11.. 4,73 | 41..17.63 | 71..30,53 | 200.. 86,00 |
| 12.. 5,16 | 42..18,06 | 72..30,96 | 300.. 129,00 |
| 13.. 5,59 | 43..18,49 | 73..31,39 | 400.. 172,00 |
| 14.. 6,02 | 44..18,92 | 74..31,82 | 500.. 215,00 |
| 15.. 6.45 | 45..19,35 | 75..32,25 | 600.. 258,00 |
| 16.. 6,88 | 46..19,78 | 76..32,68 | 700.. 301,00 |
| 17.. 7,31 | 47..20,21 | 77..33,11 | 800.. 344,00 |
| 18.. 7,74 | 48..20,64 | 78..33,54 | 900.. 387,00 |
| 19.. 8,17 | 49..21,07 | 79..33,97 | 1000.. 430,00 |
| 20.. 8,60 | 50..21,50 | 80..34,40 | 2000.. 860,00 |
| 21.. 9,03 | 51..21,93 | 81..34,83 | 3000.. 1290,00 |
| 22.. 9,46 | 52..22,36 | 82..35,26 | 4000.. 1720,00 |
| 23.. 9,89 | 53..22,79 | 83..35,69 | 5000.. 2150,00 |
| 24..10,32 | 54..23,22 | 84..36,12 | 6000.. 2580,00 |
| 25..10,75 | 55..23,65 | 85..36,55 | 7000.. 3010,00 |
| 26..11,18 | 56..24,08 | 86..36,98 | 8000.. 3440,00 |
| 27..11,61 | 57..24,51 | 87..37.41 | 9000.. 3870,00 |
| 28..12,04 | 58..24,94 | 88..37,84 | 10000.. 4300,00 |
| 29..12.47 | 59..25,37 | 89..38,27 | 20000.. 8600,00 |
| 30..12,90 | 60..25,80 | 90..38,70 | 30000..12900,00 |

43 centimes par jour font par an , 156 f. 95 c.

*A 44 centimes la chose.*

| val. f. c. | val. f. c. | val. f. c. | valent f. c. |
|---|---|---|---|
| 1.. 0,44 | 31..13,64 | 61..26,84 | 91.. 40,04 |
| 2.. 0,88 | 32..14,08 | 62..27,28 | 92.. 40,48 |
| 3.. 1,32 | 33..14,52 | 63..27,72 | 93.. 40,92 |
| 4.. 1,76 | 34..14,96 | 64..28,16 | 94.. 41,36 |
| 5.. 2,20 | 35..15,40 | 65..28,60 | 95.. 41,80 |
| 6.. 2,64 | 36..15,84 | 66..29,04 | 96.. 42,24 |
| 7.. 3,08 | 37..16,28 | 67..29,48 | 97.. 42,68 |
| 8.. 3,52 | 38..16,72 | 68..29,92 | 98.. 43,12 |
| 9.. 3,96 | 39..17,16 | 69..30.36 | 99.. 43,56 |
| 10.. 4,40 | 40..17,60 | 70..30,80 | 100.. 44,00 |
| 11.. 4,84 | 41..18,04 | 71..31,24 | 200.. 88,00 |
| 12.. 5,28 | 43..18,46 | 72..31,68 | 300.. 132,00 |
| 13.. 5,72 | 43..18,92 | 73..32.12 | 400.. 176,00 |
| 14.. 6,16 | 44..19,36 | 74..32,56 | 500.. 220,00 |
| 15.. 6,60 | 45..19,80 | 75..33,00 | 600.. 264,00 |
| 16.. 7,04 | 46..20,24 | 76..33,44 | 700.. 308,00 |
| 17.. 7,48 | 47..20,68 | 77..33,88 | 800.. 352,00 |
| 18.. 7,92 | 48..21,12 | 78..34,32 | 900.. 396,00 |
| 19.. 8,36 | 49..21,56 | 79..34,76 | 1000.. 440,00 |
| 20.. 8,80 | 50..22,00 | 80..35,20 | 2000.. 880,00 |
| 21.. 9,24 | 51..22,44 | 81..35,64 | 3000.. 1320,00 |
| 22.. 9,68 | 52..22,88 | 82..36,08 | 4000.. 1760,00 |
| 23..10,12 | 53..23,32 | 83..36,52 | 5000.. 2200,00 |
| 24..10,56 | 54..23,76 | 84..36,96 | 6000.. 2640, 0 |
| 25..11,00 | 55..24,20 | 85..37,40 | 7000.. 3080,00 |
| 26..11,44 | 56..24,64 | 86..37,84 | 8000.. 3520,00 |
| 27..11,88 | 57..25,08 | 87..38,28 | 9000.. 3960,00 |
| 28..12,32 | 58..25,52 | 88..38,72 | 10000.. 4400,00 |
| 29..12,76 | 59..25,96 | 89..39,16 | 20000.. 8800,00 |
| 30..13,20 | 60..26,40 | 90..39,60 | 30000..13200,00 |

44 centimes par jour font par an , 160 f. 60 c.

*A 45 centimes la chose.*

| val. f. c. | val. f. c. | val. f. c. | valent f. c. |
|---|---|---|---|
| 1.. 0,45 | 31..13,95 | 61..27,45 | 91.. 40,95 |
| 2.. 0,90 | 32..14,40 | 62..27,90 | 92.. 41,40 |
| 3.. 1,35 | 33..14,85 | 63..28,35 | 93.. 41,85 |
| 4.. 1,80 | 34..15,30 | 64..28,80 | 94.. 42,30 |
| 5.. 2,25 | 35..15,75 | 65..29,25 | 95.. 42,75 |
| 6.. 2,70 | 36..16,20 | 66..29,70 | 96.. 43,20 |
| 7.. 3,15 | 37..16,65 | 67..30,15 | 97.. 43,65 |
| 8.. 3,60 | 38..17,10 | 68..30,60 | 98.. 44,10 |
| 9.. 4,05 | 39..17,55 | 69..31,05 | 99.. 44,55 |
| 10.. 4,50 | 40..18,00 | 70..31,50 | 100.. 45,00 |
| 11.. 4,95 | 41..18,45 | 71..31,95 | 200.. 90,00 |
| 12.. 5,40 | 42..18,90 | 72..32,40 | 300.. 135,00 |
| 13.. 5,85 | 43..19,35 | 73..32,85 | 400.. 180,00 |
| 14.. 6,30 | 44..19,80 | 74..33,30 | 500.. 225,00 |
| 15.. 6,75 | 45..20,25 | 75..33,75 | 600.. 270,00 |
| 16.. 7,20 | 46..20,70 | 76..34,20 | 700.. 315,00 |
| 17.. 7,65 | 47..21,15 | 77..34,65 | 800.. 360,00 |
| 18.. 8,10 | 48..21,60 | 78..35,10 | 900.. 405,00 |
| 19.. 8,55 | 49..22,05 | 79..35,55 | 1000.. 450,00 |
| 20.. 9,00 | 50..22,50 | 80..36,00 | 2000.. 900,00 |
| 21.. 9,45 | 51..22,95 | 81..36,45 | 3000.. 1350,00 |
| 22.. 9,90 | 52..23,40 | 82..36,90 | 4000.. 1800,00 |
| 23..10,35 | 53..23,85 | 83..37,35 | 5000.. 2250,00 |
| 24..10,80 | 54..24,30 | 84..37,80 | 6000.. 2700,00 |
| 25..11,25 | 55..24,75 | 85..38,25 | 7000.. 3150,00 |
| 26..11,70 | 56..25,20 | 86..38,70 | 8000.. 3600,00 |
| 27..12,15 | 57..25,65 | 87..39,15 | 9000.. 4050,00 |
| 28..12,60 | 58..26,10 | 88..39,60 | 10000.. 4500,00 |
| 29..13,05 | 59..26,55 | 89..30,05 | 20000.. 9000,00 |
| 30..13,50 | 60..27,00 | 90..30,50 | 30000..13500,00 |

45 centimes par jour font par an , 164 f. 25 c.

*A 46 centimes la chose.*

| val. f. c. | val. f. c. | val. f. c. | valent f. c. |
|---|---|---|---|
| 1.. 0,46 | 31..14,26 | 61..28,06 | 91.. 41,86 |
| 2.. 0,92 | 32..14,72 | 62..28,52 | 92.. 42,32 |
| 3.. 1,38 | 33..15,18 | 63..28,98 | 93.. 42,78 |
| 4.. 1,84 | 34..15,64 | 64..29,44 | 94.. 43,24 |
| 5.. 2,30 | 35..16,10 | 65..29,90 | 95.. 43,70 |
| 6.. 2,76 | 36..16,56 | 66..30,36 | 96.. 44,16 |
| 7.. 3,22 | 37..17,02 | 67..30,82 | 97.. 44,62 |
| 8.. 3,68 | 38..17,48 | 68..31,28 | 98.. 45,08 |
| 9.. 4,14 | 39..17,94 | 69..31,74 | 99.. 45,54 |
| 10.. 4,60 | 40..18,40 | 70..32,20 | 100.. 46,00 |
| 11.. 5,06 | 41..18,86 | 71..32,66 | 200.. 92,00 |
| 12.. 5,52 | 42..19,32 | 72..33,12 | 300.. 138,00 |
| 13.. 5,98 | 43..19,78 | 73..33,58 | 400.. 184,00 |
| 14.. 6,44 | 44..20,24 | 74..34,04 | 500.. 230,00 |
| 15.. 6,90 | 45..20,70 | 75..34,50 | 600.. 276,00 |
| 16.. 7,36 | 46..21,16 | 76..34,96 | 700.. 322,00 |
| 17.. 7,82 | 47..21,62 | 77..35,42 | 800.. 368,00 |
| 18.. 8,28 | 48..22,08 | 78..35,88 | 900.. 414,00 |
| 19.. 8,74 | 49..22,54 | 79..36,34 | 1000.. 460,00 |
| 20.. 9,20 | 50..23,00 | 80..36,80 | 2000.. 920,00 |
| 21.. 9,66 | 51..23,46 | 81..37,26 | 3000.. 1380,00 |
| 22..10,12 | 52..23,92 | 82..37,72 | 4000.. 1840,00 |
| 23..10,58 | 53..24,38 | 83..38,18 | 5000.. 2300,00 |
| 24..11,04 | 54..24,84 | 84..38,64 | 6000.. 2760,00 |
| 25..11,50 | 55..25,30 | 85..39,10 | 7000.. 3220,00 |
| 26..11,96 | 56..25,76 | 86..39,56 | 8000.. 3680,00 |
| 27..12,42 | 57..26,22 | 87..40,02 | 9000.. 4140,00 |
| 28..12,88 | 58..26,68 | 88..40,48 | 10000.. 4600,00 |
| 29..13,34 | 59..27,14 | 89..40,94 | 20000.. 9200,00 |
| 30..13,80 | 60..27,60 | 90..41,40 | 30000..13800,00 |

46 centimes par jour font par an 167 f. 90 c.

*A* 47 *centimes la chose.*

| val. | f. c. | val. | f. c. | val. | f. c. | valent | f. c. |
|---|---|---|---|---|---|---|---|
| 1.. | 0,47 | 31.. | 14,57 | 61.. | 28,67 | 91.. | 42,77 |
| 2.. | 0,94 | 32.. | 15,04 | 62.. | 29,14 | 92.. | 43,24 |
| 3.. | 1,41 | 33.. | 15,51 | 63.. | 29,61 | 93.. | 43,71 |
| 4.. | 1,88 | 34.. | 15,98 | 64.. | 30,08 | 94.. | 44,18 |
| 5.. | 2,35 | 35.. | 16,45 | 65.. | 30,55 | 95.. | 44,65 |
| 6.. | 2,82 | 36.. | 16,92 | 66.. | 31,02 | 96.. | 45,12 |
| 7.. | 3,29 | 37.. | 17,39 | 67.. | 31,49 | 97.. | 45,59 |
| 8.. | 3,76 | 38.. | 17,86 | 68.. | 31,96 | 98.. | 46,06 |
| 9.. | 4,23 | 39.. | 18,33 | 69.. | 32,43 | 99.. | 46,53 |
| 10.. | 4,70 | 40.. | 18,80 | 70.. | 32,90 | 100.. | 47,00 |
| 11.. | 5,17 | 41.. | 19,27 | 71.. | 33,37 | 200.. | 94,00 |
| 12.. | 5,64 | 42.. | 19,74 | 72.. | 33,84 | 300.. | 141,00 |
| 13.. | 6,11 | 43.. | 20,21 | 73.. | 34,31 | 400.. | 188,00 |
| 14.. | 6,58 | 44.. | 20,68 | 74.. | 34,78 | 500.. | 235,00 |
| 15.. | 7,05 | 45.. | 21,15 | 75.. | 35,25 | 600.. | 282,00 |
| 16.. | 7,52 | 46.. | 21,62 | 76.. | 35,72 | 700.. | 329,00 |
| 17.. | 7,99 | 47.. | 22,09 | 77.. | 36,19 | 800.. | 376,00 |
| 18.. | 8,46 | 48.. | 22,56 | 78.. | 36,66 | 900.. | 423,00 |
| 19.. | 8,93 | 49.. | 23,03 | 79.. | 37,13 | 1000.. | 470,00 |
| 20.. | 9,40 | 50.. | 23,50 | 80.. | 37,60 | 2000.. | 940,00 |
| 21.. | 9,87 | 51.. | 23,97 | 81.. | 38,07 | 3000.. | 1410,00 |
| 22.. | 10,34 | 52.. | 24,44 | 82.. | 38,54 | 4000.. | 1880,00 |
| 23.. | 10,81 | 53.. | 24,91 | 83.. | 39,01 | 5000.. | 2350,00 |
| 24.. | 11,28 | 54.. | 25,38 | 84.. | 39,48 | 6000.. | 2820,00 |
| 25.. | 11,75 | 55.. | 25,85 | 85.. | 39,95 | 7000.. | 3290,00 |
| 26.. | 12,22 | 56.. | 26,32 | 86.. | 40,42 | 8000.. | 3760,00 |
| 27.. | 12,69 | 57.. | 26,79 | 87.. | 40,89 | 9000.. | 4230,00 |
| 28.. | 13,16 | 58.. | 27,26 | 88.. | 41,36 | 10000.. | 4700,00 |
| 29.. | 13,63 | 59.. | 27,73 | 89.. | 41,83 | 20000.. | 9400,00 |
| 30.. | 14,10 | 60.. | 28,20 | 90.. | 42,30 | 30000.. | 14100,00 |

47 centimes par jour font par an 171 f. 55 c.

M

*A* 48 *centimes la chose.*

| val. f. c. | val. f. c. | val. f. c. | valent | f. c. |
|---|---|---|---|---|
| 1.. 0,48 | 31..14,88 | 61..29,28 | 91.. | 43,68 |
| 2.. 0,96 | 32..15,36 | 62..29,76 | 92.. | 44,16 |
| 3.. 1,44 | 33..15,84 | 63..30,24 | 93.. | 44,64 |
| 4.. 1,92 | 34..16,32 | 64..30,72 | 94.. | 45,12 |
| 5.. 2,40 | 35..16,80 | 65..31,20 | 95.. | 45,60 |
| 6.. 2,88 | 36..17,28 | 66..31,68 | 96.. | 46,08 |
| 7.. 3,36 | 37..17,76 | 67..32,16 | 97.. | 46,56 |
| 8.. 3,84 | 38..18,24 | 68..32,64 | 98.. | 47,04 |
| 9.. 4,32 | 39..18,72 | 69..33,12 | 99.. | 47,52 |
| 10.. 4,80 | 40..19,20 | 70..33,60 | 100.. | 48,00 |
| 11.. 5,28 | 41..19,68 | 71..34,08 | 200.. | 96,00 |
| 12.. 5,76 | 42..20,16 | 72..34,56 | 300.. | 144,00 |
| 13.. 6,24 | 43..20,64 | 73..35,04 | 400.. | 192,00 |
| 14.. 6,72 | 44..21,12 | 74..35,52 | 500.. | 240,00 |
| 15.. 7,20 | 45..21,60 | 75..36,00 | 600.. | 288,00 |
| 16.. 7,68 | 46..22,08 | 76..36,48 | 700.. | 336,00 |
| 17.. 8,16 | 47..22,56 | 77..36,96 | 800.. | 384,00 |
| 18.. 8,64 | 48..23,04 | 78..37,44 | 900.. | 432,00 |
| 19.. 9,12 | 49..23,52 | 79..37,92 | 1000.. | 480,00 |
| 20.. 9,60 | 50..24,00 | 80..38,40 | 2000.. | 960,00 |
| 21..10,08 | 51..24,48 | 81..38,88 | 3000.. | 1440,00 |
| 22..10,56 | 52..24,96 | 82..39,36 | 4000.. | 1920,00 |
| 23..11,04 | 53..25,44 | 83..39,84 | 5000.. | 2400,00 |
| 24..11,52 | 54..25,92 | 84..40,32 | 6000.. | 2880,00 |
| 25..12,00 | 55..26,40 | 85..40,80 | 7000.. | 3360,00 |
| 26..12,48 | 56..26,88 | 86..41,28 | 8000.. | 3840,00 |
| 27..12,96 | 57..27,36 | 87..41,76 | 9000.. | 4320,00 |
| 28..13,44 | 58..27,84 | 88..42,24 | 10000.. | 4800,00 |
| 29..13,92 | 59..28,32 | 89..42,72 | 20000.. | 9600,00 |
| 30..14,40 | 60..28,80 | 90..43,20 | 30000.. | 14400,00 |

48 centimes par jour font par an 175 f. 20 c.

*A* 49 centimes la chose.

| val. f. c. | val. f. c. | val. f. c. | valent | f. c. |
|---|---|---|---|---|
| 1.. 0,49 | 31..15,19 | 61..29,89 | 91.. | 44,59 |
| 2.. 0,98 | 32..15,68 | 62..30,38 | 92.. | 45,08 |
| 3.. 1,47 | 33..16,17 | 63 .30,87 | 93.. | 45,57 |
| 4.. 1,96 | 34..16,66 | 64..31,36 | 94.. | 46,06 |
| 5.. 2,45 | 35..17,15 | 65..31,85 | 95.. | 46,55 |
| 6.. 2,94 | 36..17,64 | 66..32,34 | 96.. | 47,04 |
| 7.. 3,43 | 37..18,13 | 67..32,83 | 97.. | 47,53 |
| 8.. 3,92 | 38..18,62 | 68..33,32 | 98.. | 48,02 |
| 9.. 4,41 | 39..19,11 | 69..33,81 | 99.. | 48,51 |
| 10.. 4,90 | 40..19,60 | 70..34,30 | 100.. | 49,00 |
| 11.. 5,39 | 41..20,09 | 71..34,79 | 200.. | 98,00 |
| 12.. 5,88 | 42..20,58 | 72..35,28 | 300.. | 147,00 |
| 13.. 6,37 | 43..21,07 | 73..35,77 | 400.. | 196,00 |
| 14.. 6,86 | 44..21,56 | 74..36,26 | 500.. | 245,00 |
| 15.. 7,35 | 45..22,05 | 75..36,75 | 600.. | 294,00 |
| 16.. 7,84 | 46..22,54 | 76..37,24 | 700.. | 343,00 |
| 17.. 8,33 | 47..23,03 | 77..37,73 | 800.. | 392,00 |
| 18.. 8,82 | 48..23,52 | 78..38,22 | 900.. | 441,00 |
| 19.. 9,31 | 49..24,01 | 79..38,71 | 1000.. | 490,00 |
| 20.. 9,80 | 50..24,50 | 80..39,20 | 2000.. | 980,00 |
| 21..10,29 | 51..24,99 | 81..39,69 | 3000.. | 1470,00 |
| 22..10,78 | 52..25,48 | 82..40,18 | 4000.. | 1960,00 |
| 23..11,27 | 53..25,97 | 83..40,67 | 5000.. | 2450,00 |
| 24..11,76 | 54..26,46 | 84..41,16 | 6000.. | 2940,00 |
| 25..12,25 | 55..26,95 | 85..41,65 | 7000.. | 3430,00 |
| 26..12,74 | 56..27,44 | 86..42,14 | 8000.. | 3920,00 |
| 27..13,23 | 57..27,93 | 87..42,63 | 9000.. | 4410,00 |
| 28..13,72 | 58..28,42 | 88..43,12 | 10000.. | 4900,00 |
| 29..14,21 | 59..28,91 | 89..43,61 | 20000.. | 9800,00 |
| 30..14,70 | 60..29,40 | 90..44,10 | 30000..14700,00 | |

49 centimes par jour font par an , 178 f. 85 c.

M 2

*À 50 centimes la chose.*

| val. f. | val. f. c. | val. f. c. | valent f. c. |
|---|---|---|---|
| 1.. 0,50 | 31..15,50 | 61..30,50 | 91.. 45,50 |
| 2.. 1,00 | 32..16,00 | 62..31,00 | 92.. 46,00 |
| 3.. 1,50 | 33..16,50 | 63..31,50 | 93.. 46,50 |
| 4.. 2,00 | 34..17,00 | 64..32,00 | 94.. 47,00 |
| 5.. 2,50 | 35..17,50 | 65..32,50 | 95.. 47,50 |
| 6.. 3,00 | 36..18,00 | 66..33,00 | 96.. 48,00 |
| 7.. 3,50 | 37..18,50 | 67..33,50 | 97.. 48,50 |
| 8.. 4,00 | 38..19,00 | 68..34,00 | 98.. 49,00 |
| 9.. 4,50 | 39..19,50 | 69..34,50 | 99.. 49,50 |
| 10.. 5,00 | 40..20,00 | 70..35,00 | 100.. 50,00 |
| 11.. 5,50 | 41..20,50 | 71..35,50 | 200.. 100,00 |
| 12.. 6,00 | 42..21,00 | 72..36,00 | 300.. 150,00 |
| 13.. 6.50 | 43..21,50 | 73..36,50 | 400.. 200,00 |
| 14.. 7,00 | 44..22,00 | 74..37,00 | 500.. 250,00 |
| 15.. 7,50 | 45..22,50 | 75..37,50 | 600.. 300,00 |
| 16.. 8,00 | 46..23,00 | 76..38,00 | 700.. 350,00 |
| 17.. 8,50 | 47..23,50 | 77..38,50 | 800.. 400,00 |
| 18.. 9,00 | 48..24,00 | 78..39,00 | 900.. 450,00 |
| 19.. 9,50 | 49..24,50 | 79..39,50 | 1000.. 500,00 |
| 20..10,00 | 50..25,00 | 80..40,00 | 2000.. 1000,00 |
| 21..10,50 | 51..25,50 | 81..40,50 | 3000.. 1500,00 |
| 22..11,00 | 52..26,00 | 82..41,00 | 4000.. 2000,00 |
| 23..11,50 | 53..26,50 | 83..41,50 | 5000.. 2500,00 |
| 24..12,00 | 54..27,00 | 84..42,00 | 6000.. 3000,00 |
| 25..12,50 | 55..27,50 | 85..42,50 | 7000.. 3500,00 |
| 26..13,00 | 56..28,00 | 86..43,00 | 8000.. 4000,00 |
| 27..13,50 | 57..28,50 | 87..43,50 | 9000.. 4500,00 |
| 28..14,00 | 58..29,00 | 88..44,00 | 10000.. 5000,00 |
| 29..14,50 | 59..29,50 | 89..44,50 | 20000..10000,00 |
| 30..15,00 | 60..30,00 | 90..45,00 | 30000..15000,00 |

50 centimes par jour font par an 182 f. 50 c.

*A* 51 *centimes la chose.*

| val. f. c. | val. f. c. | val. f. c. | valent f. c. |
|---|---|---|---|
| 1.. 0,51 | 31..15,81 | 61..31,11 | 91.. 46,41 |
| 2.. 1,02 | 32..16,32 | 62..31,62 | 92.. 46,92 |
| 3.. 1,53 | 33..16,83 | 63..32,13 | 93.. 47,43 |
| 4..2,04 | 34..17,34 | 64..32,64 | 94.. 47,94 |
| 5..2,55 | 35..17,85 | 65..33,15 | 95.. 48,45 |
| 6..3,06 | 36..18,36 | 66..33,66 | 96.. 48,96 |
| 7..3,57 | 37..18,87 | 67..34,17 | 97.. 49,47 |
| 8.. 4,08 | 38..19,38 | 68..34,68 | 98.. 49,98 |
| 9..4,59 | 39..19,89 | 69..35,19 | 99.. 50,49 |
| 10..5,10 | 40..20,40 | 70..35,70 | 100.. 51,00 |
| 11.. 5,61 | 41..20,91 | 71..36,21 | 200.. 102,00 |
| 12..6,12 | 42..21,42 | 72..36,72 | 300.. 153,00 |
| 13.. 6,63 | 43..21,93 | 73..37,23 | 400.. 204,00 |
| 14.. 7,14 | 44..22,44 | 74..37,74 | 500.. 255,00 |
| 15.. 7,65 | 45..22,95 | 75..38,25 | 600.. 306,00 |
| 16.. 8,16 | 46..23,46 | 76..38,76 | 700.. 357,00 |
| 17.. 8,67 | 47..23,97 | 77..39,27 | 800.. 408,00 |
| 18.. 9,18 | 48..24,48 | 78..39,78 | 900.. 459,00 |
| 19.. 9,69 | 49..24,99 | 79..40,29 | 1000.. 510,00 |
| 20..10,20 | 50..25,50 | 80..40,80 | 2000.. 1020,00 |
| 21..10,71 | 51..26,01 | 81..41,31 | 3000.. 1530,00 |
| 22..11,22 | 52..26,52 | 82..41,82 | 4000.. 2040,00 |
| 23..11,73 | 53..27,03 | 83..42,33 | 5000.. 2550,00 |
| 24..12,24 | 54..27,54 | 84..42,84 | 6000.. 3060,00 |
| 25..12,75 | 55..28,05 | 85..43,35 | 7000.. 3570,00 |
| 26..13,26 | 56..28,56 | 86..43,86 | 8000.. 4080,00 |
| 27..13,77 | 57..29,07 | 87..44,37 | 9000.. 4590,00 |
| 28..14,28 | 58..29,58 | 88..44,88 | 10000.. 5100,00 |
| 29..14,79 | 59..30,09 | 89..45,39 | 20000..10200,00 |
| 30..15,30 | 60..30,60 | 90..45,90 | 30000..15300,00 |

51 centimes par jour font par an, 186 f. 15 c.

*A 52 centimes la chose.*

| val. f. c. | val. f. c. | val. f. c. | valent f. c. |
|---|---|---|---|
| 1.. 0,52 | 31..16,12 | 61..31,72 | 91.. 47,32 |
| 2.. 1,04 | 32..16,64 | 62..32,24 | 92.. 47,84 |
| 3.. 1,56 | 33..17,16 | 63..32,76 | 93.. 48,36 |
| 4.. 2,08 | 34..17,68 | 64..33,28 | 94.. 48,88 |
| 5.. 2,60 | 35..18,20 | 65..33,80 | 95.. 49,40 |
| 6.. 3,12 | 36..18,72 | 66..34,32 | 96.. 49,92 |
| 7.. 3,64 | 37..19,24 | 67..34,84 | 97.. 50,44 |
| 8.. 4,16 | 38..19,76 | 68..35,36 | 98.. 50,96 |
| 9.. 4,68 | 39..20,28 | 69..35,88 | 99.. 51,48 |
| 10.. 5,20 | 40..20,80 | 70..36,40 | 100.. 52,00 |
| 11.. 5,72 | 41..21,32 | 71..36,92 | 200.. 104,00 |
| 12.. 6,24 | 42..21,84 | 72..37,44 | 300.. 156,00 |
| 13.. 6,76 | 43..22,36 | 73..37,96 | 400.. 208,00 |
| 14.. 7,28 | 44..22,88 | 74..38,48 | 500.. 260,00 |
| 15.. 7,80 | 45..23,40 | 75..39,00 | 600.. 312,00 |
| 16.. 8,32 | 46..23,92 | 76..39,52 | 700.. 364,00 |
| 17.. 8,84 | 47..24,44 | 77..40,04 | 800.. 416,00 |
| 18.. 9,36 | 48..24,96 | 78..40,56 | 900.. 468,00 |
| 19.. 9,88 | 49..25,48 | 79..41,08 | 1000.. 520,00 |
| 20..10,40 | 50..26,00 | 80..41,60 | 2000.. 1040,00 |
| 21..10,92 | 51..26,52 | 81..42,12 | 3000.. 1560,00 |
| 22..11,44 | 52..27,04 | 82..42,64 | 4000.. 2080,00 |
| 23..11,96 | 53..27,56 | 83..43,16 | 5000.. 2600,00 |
| 24..12,48 | 54..28,08 | 84..43,68 | 6000.. 3120,00 |
| 25..13,00 | 55..28,60 | 85..44,20 | 7000.. 3640,00 |
| 26..13,52 | 56..29,12 | 86..44,72 | 8000.. 4160,00 |
| 27..14,04 | 57..29,64 | 87..45,24 | 9000.. 4680,00 |
| 28..14,56 | 58..30,16 | 88..45,76 | 10000.. 5200,00 |
| 29..15,08 | 59..30,68 | 89..46,28 | 20000..10400,00 |
| 30..15,60 | 60..31,20 | 90..46,80 | 30000..15600,00 |

52 centimes par jour font par an, 189 f. 80 c.

*A 53 centimes la chose.*

| val. f. c. | val. f. c. | val. f. c. | valent f. c. |
|---|---|---|---|
| 1.. 0,53 | 31..16,43 | 61..32,33 | 91.. 48,23 |
| 2.. 1,06 | 32..16,96 | 62..32,86 | 92.. 48,76 |
| 3.. 1,59 | 33..17,49 | 63..33,39 | 93.. 49,29 |
| 4.. 2,12 | 34..18,02 | 64..33,92 | 94.. 49,82 |
| 5.. 2,65 | 35..18,55 | 65..34,45 | 95.. 50,35 |
| 6.. 3,18 | 36..19,08 | 66..34,98 | 96.. 50,88 |
| 7.. 3,71 | 37..19,61 | 67..35,51 | 99.. 51,41 |
| 8.. 4,24 | 38..20,14 | 68..36,04 | 98.. 51,9 + |
| 9.. 4,77 | 39..20,67 | 69..36,57 | 99.. 52,47 |
| 10.. 5,30 | 40..21,20 | 70..37,10 | 100.. 53,00 |
| 11.. 5,83 | 41..21,73 | 71..37,63 | 200.. 106,00 |
| 12.. 6,36 | 42..22,26 | 72..38,16 | 300.. 159,00 |
| 13.. 6,89 | 43..22,79 | 73..38,69 | 400.. 212,00 |
| 14.. 7,42 | 44..23,32 | 74..39,22 | 500.. 265,00 |
| 15.. 7,95 | 45..23,85 | 75..39,75 | 600.. 318,00 |
| 16.. 8,48 | 46..24,38 | 76..40,28 | 700.. 371,00 |
| 17.. 9,01 | 47..24,91 | 77..40,81 | 800.. 424,00 |
| 18.. 9,54 | 48..25,44 | 78..41,34 | 900.. 477,00 |
| 19..10,07 | 49..25,97 | 79..41,87 | 1000.. 530,00 |
| 20..10,60 | 50..26,50 | 80..42,40 | 2000.. 1060,00 |
| 21..11,13 | 51..27,03 | 81..42,93 | 3000.. 1590,00 |
| 22..11,66 | 52..27,56 | 82..43,46 | 4000.. 2120,00 |
| 23..12,19 | 53..28,09 | 83..43,99 | 5000.. 2650,00 |
| 24..12,72 | 54..28,62 | 84..44,52 | 6000.. 3180,00 |
| 25..13,25 | 55..29,15 | 85..45,05 | 7000.. 3710,00 |
| 26..13,78 | 56..29,68 | 86..45,58 | 8000.. 4240,00 |
| 27..14,31 | 57..30,21 | 87..46,11 | 9000.. 4770,00 |
| 28..14,84 | 58..30,74 | 88..46,64 | 10000.. 5300,00 |
| 29..15,37 | 59..31,27 | 89..47,17 | 20000..10600,00 |
| 30..15,90 | 60..31,80 | 90..47,70 | 30000..15900,00 |

53 centimes par jour font par an , 193 f. 45 c.

*A 54 centimes la chose.*

| val. f. c. | val. f. c. | val. f. c. | valent f. c. |
|---|---|---|---|
| 1.. 0,54 | 31..16,74 | 61..32,94 | 91.. 49,14 |
| 2.. 1,08 | 32..17,28 | 62..33,48 | 92.. 49,68 |
| 3.. 1,62 | 33..17,82 | 63..34,02 | 93.. 50,22 |
| 4.. 2,16 | 34..18,36 | 64..34,56 | 94.. 50,76 |
| 5.. 2,70 | 35..18,90 | 65..35,10 | 95.. 51,30 |
| 6.. 3,24 | 36..19,44 | 66..35,64 | 96.. 51,84 |
| 7.. 3,78 | 37..19,98 | 67..36,18 | 97.. 52,38 |
| 8.. 4,32 | 38..20,52 | 68..36,72 | 98.. 52,92 |
| 9.. 4,86 | 39..21,06 | 69..37,26 | 99.. 53,46 |
| 10.. 5,40 | 40..21,60 | 70..37,80 | 100.. 54,00 |
| 11.. 5,94 | 41..22,14 | 71..38,34 | 200.. 108,00 |
| 12.. 6,48 | 42..22,68 | 72..38,88 | 300.. 162,00 |
| 13.. 7,02 | 43..23,22 | 73..39,42 | 400.. 216,00 |
| 14.. 7,56 | 44..23,76 | 74..39,96 | 500.. 270,00 |
| 15.. 8,10 | 45..24,30 | 75..40,50 | 600.. 324,00 |
| 16.. 8,64 | 46..24,84 | 76..41,04 | 700.. 378,00 |
| 17.. 9,18 | 47..25,38 | 77..41,58 | 800.. 432,00 |
| 18.. 9,72 | 48..25,92 | 78..42,12 | 900.. 486,00 |
| 19..10,26 | 49..26,46 | 79..42,66 | 1000.. 540,00 |
| 20..10,80 | 50..27,00 | 80..43,20 | 2000.. 1080,00 |
| 21..11,34 | 51..27,54 | 81..43,74 | 3000.. 1620,00 |
| 22..11,88 | 52..28,08 | 82..44,28 | 4000.. 2160,00 |
| 23..12,42 | 53..28,62 | 83..44,82 | 5000.. 2700,00 |
| 24..12,96 | 54..29,16 | 84..45,36 | 6000.. 3240,00 |
| 25..13,50 | 55..29,70 | 85..45,90 | 7000.. 3780,00 |
| 26..14,04 | 56..30,24 | 86..46,44 | 8000.. 4320,00 |
| 27..14,58 | 57..30,78 | 87..46,98 | 9000.. 4860,00 |
| 28..15,12 | 58..31,32 | 88..47,52 | 10000.. 5400,00 |
| 29..15,66 | 59..31,86 | 89..48,05 | 20000..10800,00 |
| 30..16,20 | 60..32,40 | 90..48,60 | 30000..16200,00 |

54 centimes par jour font par an, 197 f. 10 c.

*A* 55 *centimes la chose.*

| val. f. c. | val. f. c. | val. f. c. | valent f. c. |
|---|---|---|---|
| 1.. 0,55 | 31..17,05 | 61..33,55 | 91.. 50,05 |
| 2.. 1,10 | 32..17,60 | 62..34,10 | 92.. 50,60 |
| 3.. 1,65 | 33..18,15 | 63..34,65 | 93.. 51,15 |
| 4.. 2,20 | 34..18,70 | 64..35,20 | 94.. 51,70 |
| 5.. 2,75 | 35..19,25 | 65..35,75 | 95.. 52,25 |
| 6.. 3,30 | 36..19,80 | 66..36,30 | 96.. 52,80 |
| 7.. 3,85 | 37..20,35 | 67..36,85 | 97.. 53,35 |
| 8.. 4,40 | 38..20,90 | 68..37,40 | 98.. 53,90 |
| 9.. 4,95 | 39..21,45 | 69..37,95 | 99.. 54,45 |
| 10.. 5,50 | 40..22,00 | 70..38,50 | 100.. 55,00 |
| 11.. 6,05 | 41..22,55 | 71..39,05 | 200.. 110,00 |
| 12.. 6,60 | 42..23,10 | 72..39,60 | 300.. 165,00 |
| 13.. 7,15 | 43..23,65 | 73..40,15 | 400.. 220,00 |
| 14.. 7,70 | 44..24,20 | 74..40,70 | 500.. 275,00 |
| 15.. 8,25 | 45..24,75 | 75..41,25 | 600.. 330,00 |
| 16.. 8,80 | 46..25,30 | 76..41,80 | 700.. 385,00 |
| 17.. 9,35 | 47..25,85 | 77..42,35 | 800.. 440,00 |
| 18.. 9,90 | 48..26,40 | 78..42,90 | 900.. 495,00 |
| 19..10,45 | 49..26,95 | 79..43,45 | 1000.. 550,00 |
| 20..11,00 | 50..27,50 | 80..44,00 | 2000.. 1100,00 |
| 21..11,55 | 51..28,05 | 81..44,55 | 3000.. 1650,00 |
| 22..12,10 | 52..28,60 | 82..45,10 | 4000.. 2200,00 |
| 23..12,65 | 53..29,15 | 83..45,65 | 5000.. 2750,00 |
| 24..13,20 | 54..29,70 | 84..46,20 | 6000.. 3300,00 |
| 25..13,75 | 55..30,25 | 85..46,75 | 7000.. 3850,00 |
| 26..14,30 | 56..30,80 | 86..47,30 | 8000.. 4400,00 |
| 27..14,85 | 57..31,35 | 87..47,85 | 9000.. 4950,00 |
| 28..15,40 | 58..31,90 | 88..48,40 | 10000.. 5500,00 |
| 29..15,95 | 59..32,45 | 89..48,95 | 20000..11000,00 |
| 30..16,50 | 60..33,00 | 90..49,50 | 30000..16500,00 |

55 centimes par jour font par an , 200 f. 75 c.

*A 56 centimes la chose.*

| val. f. c. | val. f. c. | val. f. c. | valent f. c. |
|---|---|---|---|
| 1.. 0,56 | 31..17,36 | 61..34,16 | 91.. 50,96 |
| 2.. 1,12 | 32..17,92 | 62..34,72 | 92.. 51,52 |
| 3.. 1,68 | 33..18,48 | 63..35,28 | 93.. 52,08 |
| 4.. 2,24 | 34..19,04 | 64..35,84 | 94.. 52,64 |
| 5.. 2,80 | 35..19,60 | 65..36,40 | 95.. 53,20 |
| 6.. 3,36 | 36..20,16 | 66..36,96 | 96.. 53,76 |
| 7.. 3,92 | 36..20,72 | 67..37,52 | 97.. 54,32 |
| 8.. 4,48 | 38..21,28 | 68..38,08 | 98.. 54,88 |
| 9.. 5,04 | 39..21,84 | 69..38,64 | 99.. 55,44 |
| 10.. 5,60 | 40..22,40 | 70..39,20 | 100.. 56,00 |
| 11.. 6,16 | 41..22,96 | 71..39,76 | 200.. 112,00 |
| 12.. 6,72 | 42..23,52 | 72..40,32 | 300.. 168,00 |
| 13.. 7,28 | 43..24,08 | 73..40,88 | 400.. 224,00 |
| 14.. 7,84 | 44..24,64 | 74..41,44 | 500.. 280,00 |
| 15.. 8,40 | 45..25,20 | 75..42,00 | 600.. 336,00 |
| 16.. 8,96 | 46..25,76 | 76..42,56 | 700.. 392,00 |
| 17.. 9,52 | 47..26,32 | 77..43,12 | 800.. 448,00 |
| 18..10,08 | 48..26,88 | 78..43,68 | 900.. 504,00 |
| 19..10,64 | 49..27,44 | 79..44,24 | 1000.. 560,00 |
| 20..11,20 | 50..28,00 | 80..44,80 | 2000.. 1120,00 |
| 21..11,76 | 51..28,56 | 81..45,36 | 3000.. 1680,00 |
| 22..12,32 | 52..29,12 | 82..45,92 | 4000.. 2240,00 |
| 23..12,88 | 53..29,68 | 83..46,48 | 5000.. 2800,00 |
| 24..13,44 | 54..30,24 | 84..47,04 | 6000.. 3360,00 |
| 25..14,00 | 55..30,80 | 85..47,60 | 7000.. 3920,00 |
| 26..14,56 | 56..31,36 | 86..48,16 | 8000.. 4480,00 |
| 27..15,12 | 57..31,92 | 87..48,72 | 9000.. 5040,00 |
| 28..15,68 | 58..32,48 | 88..49,28 | 10000.. 5600,00 |
| 29..16,24 | 59..33,04 | 89..49,84 | 20000..11200,00 |
| 30..16,80 | 60..33,60 | 90..50,40 | 30000..16800,00 |

56 centimes par jour font par an, 204 f. 40 c.

*A 57 centimes la chose.*

| val. f. c. | val. f. c. | val. f. c. | valent f. c. |
|---|---|---|---|
| 1.. 0,57 | 31..17,67 | 61..34,77 | 91.. 51,87 |
| 2.. 1,14 | 32..18,24 | 62..35,34 | 92.. 52,44 |
| 3.. 1,71 | 33..18,81 | 63..35,91 | 93.. 53,01 |
| 4.. 2,28 | 34..19,38 | 64..36,48 | 94.. 53,58 |
| 5.. 2,85 | 35..19,95 | 65..37,05 | 95.. 54,15 |
| 6.. 3,42 | 36..20,52 | 66..37,62 | 96.. 54,72 |
| 7.. 3,99 | 37..21,09 | 67..38,19 | 97.. 55,29 |
| 8.. 4,56 | 38..21,66 | 68..38,76 | 98.. 55,86 |
| 9.. 5,13 | 39..22,23 | 69..39,33 | 99.. 56,43 |
| 10.. 5,70 | 40..22,80 | 70..39,90 | 100.. 57,00 |
| 11.. 6,27 | 41..23,37 | 71..40,47 | 200.. 114,00 |
| 12.. 6,84 | 42..23,94 | 72..41,04 | 300.. 171,00 |
| 13.. 7,41 | 43..24,51 | 73..41,61 | 400.. 228,00 |
| 14.. 7,98 | 44..25,08 | 74..42,18 | 500.. 285,00 |
| 15.. 8,55 | 45..25,65 | 75..42,75 | 600.. 342,00 |
| 16.. 9,12 | 46..26,22 | 76..43,32 | 700.. 399,00 |
| 17.. 9,69 | 47..26,79 | 77..43,89 | 800.. 456,00 |
| 18..10,26 | 48..27,36 | 78..44,46 | 900.. 513,00 |
| 19..10,83 | 49..27,93 | 79..45,03 | 1000.. 570,00 |
| 20..11,40 | 50..28,50 | 80..45,60 | 2000.. 1140,00 |
| 21..11,97 | 51..29,07 | 81..46,17 | 3000.. 1710,00 |
| 22..12,54 | 52..29,64 | 82..46,74 | 4000.. 2280,00 |
| 23..13,11 | 53..30,21 | 83..47,31 | 5000.. 2850,00 |
| 24..13,68 | 54..30,78 | 84..47,88 | 6000.. 3420,00 |
| 25..14,25 | 55..31,35 | 85..48,45 | 7000.. 3990,00 |
| 26..14,82 | 56..31,92 | 86..49,02 | 8000.. 4560,00 |
| 27..15,39 | 57..32,49 | 87..49,59 | 9000.. 5130,00 |
| 28..15,96 | 58..33,06 | 88..50,16 | 10000.. 5700,00 |
| 29..16,53 | 59..33,63 | 89..50,73 | 20000..11400,00 |
| 30..17,10 | 60..34,20 | 90..51,30 | 30000..17100,00 |

57 centimes par jour font par an 208 f. 05 c.

*A 58 centimes la chose.*

| val. f. c. | val. f. c. | val. f. c. | valent f. c. |
|---|---|---|---|
| 1.. 0,58 | 31..17,96 | 61..35,38 | 91.. 52,78 |
| 2.. 1,16 | 32..18,56 | 62..35,96 | 92.. 53,36 |
| 3.. 1,74 | 33..19,14 | 63..36,54 | 93.. 53,94 |
| 4.. 2,32 | 34..19,72 | 64..37,12 | 94.. 54,52 |
| 5.. 2,90 | 35..20,30 | 65..37,70 | 95.. 55,10 |
| 6.. 3,48 | 36..20,88 | 66..38,28 | 96.. 55,68 |
| 7.. 4,06 | 37..21,46 | 67..38,86 | 97.. 56,26 |
| 8.. 4,64 | 38..22,04 | 68..39,44 | 98.. 56,84 |
| 9.. 5,22 | 39..22,62 | 69..40,02 | 99.. 57,42 |
| 10.. 5,60 | 40..23,20 | 70..40,60 | 100.. 58,00 |
| 11.. 6,38 | 41..23,78 | 71..41,18 | 200.. 116,00 |
| 12.. 6,96 | 42..24,36 | 72..41,76 | 300.. 174,00 |
| 13.. 7,54 | 43..24,94 | 73..42,34 | 400.. 232,00 |
| 14.. 8,12 | 44..25,52 | 74. 42,92 | 500.. 290,00 |
| 15.. 8,70 | 45..26,10 | 75..43,50 | 600.. 348,00 |
| 16.. 9,28 | 46..26,68 | 76..44,08 | 700.. 406,00 |
| 17.. 9,86 | 47..27,26 | 77..44,66 | 800.. 464,00 |
| 18..10,44 | 48..27 84 | 78..45,24 | 900.. 522,00 |
| 19..11,02 | 49..28,42 | 79..45,82 | 1000.. 580,00 |
| 20..11,60 | 50..29,00 | 80..46,40 | 2000.. 1160,00 |
| 21..12,18 | 51..29,58 | 81..46,98 | 3000.. 1740,00 |
| 22..12 76 | 52..30,16 | 82..47,56 | 4000.. 2320,00 |
| 23..13,34 | 53..30,74 | 83..48,14 | 5000.. 2900,00 |
| 24..13,92 | 54..31,32 | 84..48,72 | 6000.. 3480,00 |
| 25..14,50 | 55..31,90 | 85..49,30 | 7000.. 4060,00 |
| 26..15,08 | 56..32,48 | 86..49,88 | 8000.. 4640,00 |
| 27..15,66 | 57..33,06 | 87..50,46 | 9000.. 5220,00 |
| 28..16,24 | 58..33,64 | 88..51,04 | 10000.. 5800,00 |
| 29..16,82 | 59..34,22 | 89..51,62 | 20000..11600,00 |
| 30..17,40 | 60..34,80 | 90..52,20 | 30000..17400,00 |

58 centimes par jour font par an 211 f. 70 c.

*A 59 centimes la chose.*

| val. | f. c. | val. | f. c. | val. | f. c. | valent | f. c. |
|---|---|---|---|---|---|---|---|
| 1.. | 0,59 | 31.. | 18,29 | 61.. | 35,99 | 91.. | 53,69 |
| 2.. | 1,18 | 32.. | 18,88 | 62.. | 36,58 | 92.. | 54,28 |
| 3.. | 1,77 | 33.. | 19,47 | 63.. | 37,17 | 93.. | 54,87 |
| 4.. | 2,36 | 34.. | 20,06 | 64.. | 37,76 | 94.. | 55,46 |
| 5.. | 2,95 | 35.. | 20,65 | 65.. | 38,35 | 95.. | 56,05 |
| 6.. | 3,54 | 36.. | 21,24 | 66.. | 38,94 | 96.. | 56,64 |
| 7.. | 4,13 | 37.. | 21,83 | 67.. | 39,53 | 97.. | 57,23 |
| 8.. | 4,72 | 38.. | 22,42 | 68.. | 40,12 | 98.. | 57,82 |
| 9.. | 5,31 | 39.. | 23,01 | 69.. | 40,71 | 99.. | 58,41 |
| 10.. | 5,90 | 40.. | 23,60 | 70.. | 41,30 | 100.. | 59,00 |
| 11.. | 6,49 | 41.. | 24,19 | 71.. | 41,89 | 200.. | 118,00 |
| 12.. | 7,08 | 42.. | 24,78 | 72.. | 42,48 | 300.. | 177,00 |
| 13.. | 7,67 | 43.. | 25,37 | 73.. | 43,07 | 400.. | 236,00 |
| 14.. | 8,26 | 44.. | 25,96 | 74.. | 43,66 | 500.. | 295,00 |
| 15.. | 8,85 | 45.. | 26,55 | 75.. | 44,25 | 600.. | 354,00 |
| 16.. | 9,44 | 46.. | 27,14 | 76.. | 44,84 | 700.. | 413,00 |
| 17.. | 10,03 | 47.. | 27,73 | 77.. | 45,43 | 800.. | 472,00 |
| 18.. | 10,62 | 48.. | 28,32 | 78.. | 46,02 | 900.. | 531,00 |
| 19.. | 11,21 | 49.. | 28,91 | 79.. | 46,61 | 1000.. | 590,00 |
| 20.. | 11,80 | 50.. | 29,50 | 80.. | 47,20 | 2000.. | 1180,00 |
| 21.. | 12,39 | 51.. | 30,09 | 81.. | 47,79 | 3000.. | 1770,00 |
| 22.. | 12,98 | 52.. | 30,68 | 82.. | 48,38 | 4000.. | 2360,00 |
| 23.. | 13,57 | 53.. | 31,27 | 83.. | 48,97 | 5000.. | 2950,00 |
| 24.. | 14,16 | 54.. | 31,86 | 84.. | 49,56 | 6000.. | 3540,00 |
| 25.. | 14,75 | 55.. | 32,45 | 85.. | 50,15 | 7000.. | 4130,00 |
| 26.. | 15,34 | 56.. | 33,04 | 86.. | 50,74 | 8000.. | 4720,00 |
| 27.. | 15,93 | 57.. | 33,63 | 87.. | 51,33 | 9000.. | 5310,00 |
| 28.. | 16,52 | 58.. | 34,22 | 88.. | 51,92 | 10000.. | 5900,00 |
| 29.. | 17,11 | 59.. | 34,81 | 89.. | 52,51 | 20000.. | 11800,00 |
| 30.. | 17,70 | 60.. | 35,40 | 90.. | 53,10 | 30000.. | 17700,00 |

59 centimes par jour font par an 215 f. 35 c.

## A 60 centimes la chose.

| val. | f. c. | val. | f. c. | val. | f. c. | valent | f. c. |
|---|---|---|---|---|---|---|---|
| 1.. | 0,60 | 31.. | 18,60 | 61.. | 36,60 | 91.. | 54,60 |
| 2.. | 1,20 | 32.. | 19,20 | 62.. | 37,20 | 92.. | 55,20 |
| 3.. | 1,80 | 33.. | 19,80 | 63.. | 37,80 | 93.. | 55,80 |
| 4.. | 2,40 | 34.. | 20,40 | 64.. | 38,40 | 94.. | 56,40 |
| 5.. | 3,00 | 35.. | 21,00 | 65.. | 39,00 | 95.. | 57,00 |
| 6.. | 3,60 | 36.. | 21,60 | 66.. | 39,60 | 96.. | 57,60 |
| 7.. | 4,20 | 37.. | 22,20 | 67.. | 40,20 | 97.. | 58,20 |
| 8.. | 4,80 | 38.. | 22,80 | 68.. | 40,80 | 98.. | 58,80 |
| 9.. | 5,40 | 39.. | 23,40 | 69.. | 41,40 | 99.. | 59,40 |
| 10.. | 6,00 | 40.. | 24,00 | 70.. | 42,00 | 100.. | 60,00 |
| 11.. | 6,60 | 41.. | 24,60 | 71.. | 42,60 | 200.. | 120,00 |
| 12.. | 7,20 | 42.. | 25,20 | 72.. | 43,20 | 300.. | 180,00 |
| 13.. | 7,80 | 43.. | 25,80 | 73.. | 43,80 | 400.. | 240,00 |
| 14.. | 8,40 | 44.. | 26,40 | 74.. | 44,40 | 500.. | 300,00 |
| 15.. | 9,00 | 45.. | 27,00 | 75.. | 45,00 | 600.. | 360,00 |
| 16.. | 9,60 | 46.. | 27,60 | 76.. | 45,60 | 700.. | 420,00 |
| 17.. | 10,20 | 47.. | 28,20 | 77.. | 46,20 | 800.. | 480,00 |
| 18.. | 10,80 | 48.. | 28,80 | 78.. | 46,80 | 900.. | 540,00 |
| 19.. | 11,40 | 49.. | 29,40 | 79.. | 47,40 | 1000.. | 600,00 |
| 20.. | 12,00 | 50.. | 30,00 | 80.. | 48,00 | 2000.. | 1200,00 |
| 21.. | 12,60 | 51.. | 30,60 | 81.. | 48,60 | 3000.. | 1800,00 |
| 22.. | 13,20 | 52.. | 31,20 | 82.. | 49,20 | 4000.. | 2400,00 |
| 23.. | 13,80 | 53.. | 31,80 | 83.. | 49,80 | 5000.. | 3000,00 |
| 24.. | 14,40 | 54.. | 32,40 | 84.. | 50,40 | 6000.. | 3600,00 |
| 25.. | 15,00 | 55.. | 33,00 | 85.. | 51,00 | 7000.. | 4200,00 |
| 26.. | 15,60 | 56.. | 33,60 | 86.. | 51,60 | 8000.. | 4800,00 |
| 27.. | 16,20 | 57.. | 34,20 | 87.. | 52,20 | 9000.. | 5400,00 |
| 28.. | 16,80 | 58.. | 34,80 | 88.. | 52,80 | 10000.. | 6000,00 |
| 29.. | 17,40 | 59.. | 35,40 | 89.. | 53,40 | 20000.. | 12000,00 |
| 30.. | 18,00 | 60.. | 36,00 | 90.. | 54,00 | 30000.. | 18000,00 |

60 centimes par jour font par an, 219 f. 00 c.

*A* 61 *centimes la chose.*

| val. | f. c. | val. | f. c. | val. | f. c. | valent | f. c. |
|---|---|---|---|---|---|---|---|
| 1 | 0,61 | 31 | 18,91 | 61 | 37,21 | 91 | 55,51 |
| 2 | 1,22 | 32 | 19,52 | 62 | 37,82 | 92 | 56,12 |
| 3 | 1,83 | 33 | 20,13 | 63 | 38,43 | 93 | 56,73 |
| 4 | 2,44 | 34 | 20,74 | 64 | 39,04 | 94 | 57,34 |
| 5 | 3,05 | 35 | 21,35 | 65 | 39,65 | 95 | 57,95 |
| 6 | 3,66 | 36 | 21,96 | 66 | 40,26 | 96 | 58,56 |
| 7 | 4,27 | 37 | 22,57 | 67 | 40,87 | 97 | 59,17 |
| 8 | 4,88 | 38 | 23,18 | 68 | 41,48 | 98 | 59,78 |
| 9 | 5,49 | 39 | 23,79 | 69 | 42,09 | 99 | 60,39 |
| 10 | 6,10 | 40 | 24,40 | 70 | 42,70 | 100 | 61,00 |
| 11 | 6,71 | 41 | 25,01 | 71 | 43,31 | 200 | 122,00 |
| 12 | 7,32 | 42 | 25,62 | 72 | 43 92 | 300 | 183,00 |
| 13 | 7,93 | 43 | 26,23 | 73 | 44,53 | 400 | 244,00 |
| 14 | 8,54 | 44 | 26,84 | 74 | 45,14 | 500 | 305,00 |
| 15 | 9,15 | 45 | 27,45 | 75 | 45,75 | 600 | 366,00 |
| 16 | 9,76 | 46 | 28,06 | 76 | 46,36 | 700 | 427,00 |
| 17 | 10,37 | 47 | 28,67 | 77 | 46,97 | 800 | 488,00 |
| 18 | 10,98 | 48 | 29,28 | 78 | 47,58 | 900 | 549,00 |
| 19 | 11,59 | 49 | 29,89 | 79 | 48,19 | 1000 | 610,00 |
| 20 | 12,20 | 50 | 30,50 | 80 | 48,80 | 2000 | 1220,00 |
| 21 | 12,81 | 51 | 31,11 | 81 | 49,41 | 3000 | 1830,00 |
| 22 | 13,42 | 52 | 31,72 | 82 | 50,02 | 4000 | 2440,00 |
| 23 | 14,03 | 53 | 32,33 | 83 | 50,63 | 5000 | 3050,00 |
| 24 | 14,64 | 54 | 32,94 | 84 | 51,24 | 6000 | 3660,00 |
| 25 | 15,25 | 55 | 33,55 | 85 | 51,85 | 7000 | 4270,00 |
| 26 | 15,86 | 56 | 34,16 | 86 | 52,46 | 8000 | 4880,00 |
| 27 | 16,47 | 57 | 34,77 | 87 | 53,07 | 9000 | 5490,00 |
| 28 | 17,08 | 58 | 35,38 | 88 | 53,68 | 10000 | 6100,00 |
| 29 | 17,69 | 59 | 35,99 | 89 | 54,29 | 20000 | 12200,00 |
| 30 | 18,30 | 60 | 36,60 | 90 | 54,90 | 30000 | 18300,00 |

61 centimes par jour font par an 222 f. 65 c.

N 2

*A 62 centimes la chose.*

| val. f. c. | val. f. c. | val. f. c. | valent f. c. |
|---|---|---|---|
| 1.. 0,62 | 31..19,22 | 61..37,82 | 91.. 56,42 |
| 2.. 1,24 | 32..19,84 | 62..38,44 | 92.. 57,04 |
| 3.. 1,86 | 33..20,46 | 63..39,06 | 93.. 57,66 |
| 4.. 2,48 | 34..21,08 | 64..39,68 | 94.. 58,28 |
| 5.. 3,10 | 35..21,70 | 65..40,30 | 95.. 58,90 |
| 6.. 3,72 | 36..22,32 | 66..40,92 | 96.. 59,52 |
| 7.. 4,34 | 37..22,94 | 67..41,54 | 97.. 60,14 |
| 8.. 4,96 | 38..23,56 | 68..42,16 | 98.. 60,76 |
| 9.. 5,58 | 39..24,18 | 69..42,78 | 99.. 61,38 |
| 10.. 6,20 | 40..24,80 | 70..43,40 | 100.. 62,00 |
| 11.. 6,82 | 41..25,42 | 71..44,02 | 200.. 124,00 |
| 12.. 7,44 | 42..26,04 | 72..44,64 | 300.. 186,00 |
| 13.. 8,06 | 43..26,66 | 73..45,26 | 400.. 248,00 |
| 14.. 8,68 | 44..27,28 | 74..45,88 | 500.. 310,00 |
| 15.. 9,30 | 45..27,90 | 75..46,50 | 600.. 372,00 |
| 16.. 9,92 | 49..28,52 | 76..47,12 | 700.. 434,00 |
| 17..10,54 | 47..29,14 | 77..47,74 | 800.. 496,00 |
| 18..11,16 | 48..30,76 | 78..48,36 | 900.. 558,00 |
| 19..11,78 | 49..30,38 | 79..48,98 | 1000.. 620,00 |
| 20..12,40 | 50..31,00 | 80..49,60 | 2000.. 1240,00 |
| 21..13,02 | 51..31,62 | 81..50,22 | 3000.. 1860,00 |
| 22..13,64 | 52..32,24 | 82..50,84 | 4000.. 2480,00 |
| 23..14,26 | 53..32,86 | 83..51,46 | 5000.. 3100,00 |
| 24..14,88 | 54..33,48 | 84..52,08 | 6000.. 3720,00 |
| 25..15,50 | 55..34,10 | 85..52,70 | 7000.. 4340,00 |
| 26..16,12 | 56..34,72 | 86..53,32 | 8000.. 4960,00 |
| 27..16,74 | 57..35,34 | 87..53,94 | 9000.. 5580,00 |
| 28..17,36 | 58..35,96 | 88..54,56 | 10000.. 6200,00 |
| 29..17,98 | 59..36,58 | 89..55,18 | 20000..12400,00 |
| 30..18,60 | 60..37.20 | 90..55,80 | 30000..18600,00 |

**62 centimes par jour font par an , 226 f. 30 c.**

*A 63 centimes la chose.*

| val. f. c. | val. f. c. | val. f. c. | valent f. c. |
|---|---|---|---|
| 1.. 0,63 | 31..19,53 | 61..38,43 | 91.. 57,33 |
| 2.. 1,26 | 32..20,16 | 62..39,06 | 92.. 57,96 |
| 3.. 1,89 | 33..20,79 | 63..39,69 | 93.. 58,59 |
| 4.. 2,52 | 34..21,42 | 64..40,32 | 94.. 59,22 |
| 5.. 3,15 | 35..22,05 | 65..40,95 | 95.. 59,85 |
| 6.. 3,78 | 36..22,68 | 66..41,58 | 96.. 60,48 |
| 7.. 4,41 | 37..23,31 | 67..42,21 | 99.. 61,11 |
| 8.. 5,04 | 38..23,94 | 68..42,84 | 98.. 61,74 |
| 9.. 5,67 | 39..24,57 | 69..43,47 | 99.. 62,37 |
| 10.. 6,30 | 40..25,20 | 70..44,10 | 100.. 63,00 |
| 11.. 6,93 | 41..25,83 | 71..44,73 | 200.. 126,00 |
| 12.. 7,56 | 42..26,46 | 72..45,36 | 300.. 189,00 |
| 13.. 8,19 | 43..27,09 | 73..45,99 | 400.. 252,00 |
| 14.. 8,82 | 44..27,72 | 74..46,62 | 500.. 315,00 |
| 15.. 9,45 | 45..28,35 | 75..47,25 | 600.. 378,00 |
| 16..10,08 | 46..28,98 | 76..47,88 | 700.. 441,00 |
| 17..10,71 | 47..29,61 | 77..48,51 | 800.. 504,00 |
| 18..11,34 | 48..30,24 | 78..49,14 | 900.. 567,00 |
| 19..11,97 | 49..30,87 | 79..49,77 | 1000.. 630,00 |
| 20..12,60 | 50..31,50 | 80..50,40 | 2000.. 1260,00 |
| 21..13,23 | 51..32,13 | 81..51,03 | 3000.. 1890,00 |
| 22..13,86 | 52..32,76 | 82..51,66 | 4000.. 2520,00 |
| 23..14,49 | 53..33,39 | 83..52,29 | 5000.. 3150,00 |
| 24..15,12 | 54..34,02 | 84..52,92 | 6000.. 3780,00 |
| 25..15,75 | 55..34,65 | 85..53,55 | 7000.. 4410,00 |
| 26..16,38 | 56..35,28 | 86..54,18 | 8000.. 5040,00 |
| 27..17,01 | 57..35,91 | 87..54,81 | 9000.. 5670,00 |
| 28..17,64 | 58..36,54 | 88..55,44 | 10000.. 6300,00 |
| 29..18,27 | 59..37,17 | 89..56,07 | 20000..12600,00 |
| 30..18,90 | 60..37,80 | 90..56,70 | 30000..18900,00 |

63 centimes par jour font par an , 229 f. 95 c.

N 3

## A 64 centimes la chose.

| val. f. c. | val. f. c. | val. f. c. | valent f. c. |
|---|---|---|---|
| 1.. 0,64 | 31..19,84 | 61..39,04 | 91.. 58,24 |
| 2.. 1,28 | 32..20,48 | 62..39,68 | 92.. 58,88 |
| 3.. 1,92 | 33..21,12 | 63..40,32 | 93.. 59,52 |
| 4.. 2,56 | 34..21,76 | 64..40,96 | 94.. 60,16 |
| 5.. 3,20 | 35..22,40 | 65..41,60 | 95.. 60,80 |
| 6.. 3,84 | 36..23,04 | 66..42,22 | 96.. 61,44 |
| 7.. 4,48 | 37..23,68 | 67..42,88 | 97.. 62,08 |
| 8.. 5,12 | 38..24,32 | 68..43,52 | 98.. 62,72 |
| 9.. 5,76 | 39..24,96 | 69..44,16 | 99.. 63,36 |
| 10.. 6,40 | 40..25,60 | 70..44,80 | 100.. 64,00 |
| 11.. 7,04 | 41..26,24 | 71..45,44 | 200.. 128,00 |
| 12.. 7,68 | 42..26,88 | 72..46,08 | 300.. 192,00 |
| 13.. 8,32 | 43..27,52 | 73..46,72 | 400.. 256,00 |
| 14.. 8,96 | 44..28,16 | 74..47,36 | 500.. 320,00 |
| 15.. 9,60 | 45..28,80 | 75..48,00 | 600.. 384,00 |
| 16..10,24 | 46..29,44 | 76..48,64 | 700.. 448,00 |
| 17..10,88 | 47..30,08 | 77..49,28 | 800.. 512,00 |
| 18..11,52 | 48..30,72 | 78..49,92 | 900.. 576,00 |
| 19..12,16 | 49..31,36 | 79..50,56 | 1000.. 640,00 |
| 20..12,80 | 50..32,00 | 80..51,20 | 2000.. 1280,00 |
| 21..13,44 | 51..32,64 | 81..51,84 | 3000.. 1920,00 |
| 22..14,08 | 52..33,28 | 82..52,48 | 4000.. 2560,00 |
| 23..14,72 | 53..33,92 | 83..53,12 | 5000.. 3200,00 |
| 24..15,36 | 54..34,56 | 84..53,76 | 6000.. 3840,00 |
| 25..16,00 | 55..35,20 | 85..54,40 | 7000.. 4480,00 |
| 26..16,64 | 56..35,84 | 86..55,04 | 8000.. 5120,00 |
| 27..17,28 | 57..36,48 | 87..55,68 | 9000.. 5760,00 |
| 28..17,92 | 58..37,12 | 88..56,32 | 10000.. 6400,00 |
| 29..18,56 | 59..37,76 | 89..56,96 | 20000..12800,00 |
| 30..19,20 | 60..38,40 | 90..57,60 | 30000..19200,00 |

64 centimes par jour font par an, 233 f. 60 c.

*A 65 centimes la chose.*

| val. | f. c. | val. | f. c. | val. | f. c. | valent | f. c. |
|---|---|---|---|---|---|---|---|
| 1.. | 0,65 | 31.. | 20,15 | 61.. | 39,65 | 91.. | 59,15 |
| 2.. | 1,30 | 32.. | 20,80 | 62.. | 40,30 | 92.. | 59,80 |
| 3.. | 1,95 | 33.. | 21,45 | 63.. | 40,95 | 93.. | 60,45 |
| 4.. | 2,60 | 34.. | 22,10 | 64.. | 41,60 | 94.. | 61,10 |
| 5.. | 3,25 | 35.. | 22,75 | 65.. | 42,25 | 95.. | 61,75 |
| 6.. | 3,90 | 36.. | 23,40 | 66.. | 42,90 | 96.. | 62,40 |
| 7.. | 4,55 | 37.. | 24,05 | 67.. | 43,55 | 97.. | 63,05 |
| 8.. | 5,20 | 38.. | 24,70 | 68.. | 44,20 | 98.. | 63,70 |
| 9.. | 5,85 | 39.. | 25,35 | 69.. | 44,85 | 99.. | 64,35 |
| 10.. | 6,50 | 40.. | 26,00 | 70.. | 45,50 | 100.. | 65,00 |
| 11.. | 7,15 | 41.. | 26,65 | 71.. | 46,15 | 200.. | 130,00 |
| 12.. | 7,80 | 42.. | 27,30 | 72.. | 46,80 | 300.. | 195,00 |
| 13.. | 8,45 | 43.. | 27,95 | 73.. | 47,45 | 400.. | 260,00 |
| 14.. | 9,10 | 44.. | 28,60 | 74.. | 48,10 | 500.. | 325,00 |
| 15.. | 9,75 | 45.. | 29,25 | 75.. | 48,75 | 600.. | 390,00 |
| 16.. | 10,40 | 46.. | 29,90 | 76.. | 49,40 | 700.. | 455,00 |
| 17.. | 11,05 | 47.. | 30,55 | 77.. | 50,05 | 800.. | 520,00 |
| 18.. | 11,70 | 48.. | 31,20 | 78.. | 50,70 | 900.. | 585,00 |
| 19.. | 12,35 | 49.. | 31,85 | 79.. | 51,35 | 1000.. | 650,00 |
| 20.. | 13,00 | 50.. | 32,50 | 80.. | 52,00 | 2000.. | 1300,00 |
| 21.. | 13,65 | 51.. | 33,15 | 81.. | 52,65 | 3000.. | 1950,00 |
| 22.. | 14,30 | 52.. | 33,80 | 82.. | 53,30 | 4000.. | 2600,00 |
| 23.. | 14,95 | 53.. | 34,45 | 83.. | 53,95 | 5000.. | 3250,00 |
| 24.. | 15,60 | 54.. | 35,10 | 84.. | 54,60 | 6000.. | 3900,00 |
| 25.. | 16,25 | 55.. | 35,75 | 85.. | 55,25 | 7000.. | 4550,00 |
| 26.. | 16,90 | 56.. | 36,40 | 86.. | 55,90 | 8000.. | 5200,00 |
| 27.. | 17,55 | 57.. | 37,05 | 87.. | 56,55 | 9000.. | 5850,00 |
| 28.. | 18,20 | 58.. | 37,70 | 88.. | 57,20 | 10000.. | 6500,00 |
| 29.. | 18,85 | 59.. | 38,35 | 89.. | 57,85 | 20000.. | 13000,00 |
| 30.. | 19,50 | 60.. | 39,00 | 90.. | 58,50 | 30000.. | 19500,00 |

65 centimes par jour font par an , 237 f. 25 c.

*A 66 centimes la chose.*

| val. f. c. | val. f. c. | val. f. c. | valent | f. c. |
|---|---|---|---|---|
| 1.. 0,66 | 31..20,46 | 61..40,26 | 91.. | 60,06 |
| 2.. 1,32 | 32..21,12 | 62..40,92 | 92.. | 60,72 |
| 3.. 1,98 | 33..21,78 | 63..41,58 | 93.. | 61,38 |
| 4.. 2,64 | 34..22,44 | 64..42,24 | 94.. | 62,04 |
| 5.. 3,30 | 35..23,10 | 65..42,90 | 95.. | 62,70 |
| 6.. 3,96 | 36..23,76 | 66..43,56 | 96.. | 63,36 |
| 7.. 4,62 | 37..24,42 | 67..44,22 | 97.. | 64,02 |
| 8.. 5,28 | 38..25,08 | 68..44,88 | 98.. | 64,68 |
| 9.. 5,94 | 39..25,74 | 69..45,54 | 99.. | 65,34 |
| 10.. 6,60 | 40..26,40 | 70..46,20 | 100.. | 66,00 |
| 11.. 7,26 | 41..27,06 | 71..46,86 | 200.. | 132,00 |
| 12.. 7,92 | 42..27,72 | 72..47,52 | 300.. | 198,00 |
| 13.. 8,58 | 43..28,38 | 73..48,18 | 400.. | 264,00 |
| 14.. 9,24 | 44..29,04 | 74..48,84 | 500.. | 330,00 |
| 15.. 9,90 | 45..29,70 | 75..49,50 | 600.. | 396,00 |
| 16..10,56 | 46..30,36 | 76..50,16 | 700.. | 462,00 |
| 17..11,22 | 47..31,02 | 77..50,82 | 800.. | 528,00 |
| 18..11,88 | 48..31,68 | 78..51,48 | 900.. | 594,00 |
| 19..12,54 | 49..32,34 | 79..52,14 | 1000.. | 660,00 |
| 20..13,20 | 50..33,00 | 80..52,80 | 2000.. | 1320,00 |
| 21..13,86 | 51..33,66 | 81..53,46 | 3000.. | 1980,00 |
| 22..14,52 | 52..34,32 | 82..54,12 | 4000.. | 2640,00 |
| 23..15,18 | 53..34,98 | 83..54,78 | 5000.. | 3300,00 |
| 24..15,84 | 54..35,64 | 84..55,44 | 6000.. | 3960,00 |
| 25..16,50 | 55..36,30 | 85..56,10 | 7000.. | 4620,00 |
| 26..17,16 | 56..36,96 | 86..56,76 | 8000.. | 5280,00 |
| 27..17,82 | 57..37,62 | 87..57,42 | 9000.. | 5940,00 |
| 28..18,48 | 58..38,28 | 88..58,08 | 10000.. | 6600,00 |
| 29..19,14 | 59..38,94 | 89..58,74 | 20000..13200,00 | |
| 30..19,80 | 60..39,60 | 90..59,40 | 30000..19800,00 | |

66 centimes par jour font par an, 240 f. 90 c.

*A 67 centimes la chose.*

| val. f. c. | val. f. c. | val. f. c. | valent f. c. |
|---|---|---|---|
| 1.. 0,67 | 31..20,77 | 61..40,87 | 91.. 60,97 |
| 2.. 1,34 | 32..21,44 | 62..41,54 | 92.. 61,64 |
| 3.. 2,01 | 33..22,11 | 63..42,21 | 93.. 62,31 |
| 4.. 2,68 | 34..22,78 | 64..42,88 | 94.. 62,98 |
| 5.. 3,35 | 35..23,45 | 65..43,55 | 95.. 63,65 |
| 6.. 4,02 | 36..24,12 | 66..44,22 | 96.. 64,32 |
| 7.. 4,69 | 37..24,79 | 67..44,89 | 97.. 64,99 |
| 8.. 5,36 | 38..25,46 | 68..45,56 | 98.. 65,66 |
| 9.. 6,03 | 39..26,13 | 69..46,23 | 99.. 66,33 |
| 10.. 6,70 | 40..26,80 | 70..46,90 | 100.. 67,00 |
| 11.. 7,37 | 41..27,47 | 71..47,57 | 200.. 134,00 |
| 12.. 8,04 | 42..28,14 | 72..48,24 | 300.. 201,00 |
| 13.. 8,71 | 43..28,81 | 73..48,91 | 400.. 268,00 |
| 14.. 9,38 | 44..29,48 | 74..49,58 | 500.. 335,00 |
| 15..10,05 | 45..30,15 | 75..50,25 | 600.. 402,00 |
| 16..10,72 | 46..30,82 | 76..50,92 | 700.. 469,00 |
| 17..11,39 | 47..31,49 | 77..51,59 | 800.. 536,00 |
| 18..12,06 | 48..32,16 | 78..52,26 | 900.. 603,00 |
| 19..12,73 | 49..32,83 | 79..52,93 | 1000.. 670,00 |
| 20..13,40 | 50..33,50 | 80..53,60 | 2000.. 1340,00 |
| 21..14,07 | 51..34,17 | 81..54,27 | 3000.. 2010,00 |
| 22..14,74 | 52..34,84 | 82..54,94 | 4000.. 2680,00 |
| 23..15,41 | 53..35,51 | 83..55,61 | 5000.. 3350,00 |
| 24..16,08 | 54..36,18 | 84..56,28 | 6000.. 4020,00 |
| 25..16,75 | 55..36,85 | 85..56,95 | 7000.. 4690,00 |
| 26..17,42 | 56..37,52 | 86..57,62 | 8000.. 5360,00 |
| 27..18,09 | 57..38,19 | 87..58,29 | 9000.. 6030,00 |
| 28..18,76 | 58..38,86 | 88..58,96 | 10000.. 6700,00 |
| 29..19,43 | 59..39,53 | 89..59,63 | 20000..13400,00 |
| 30..20,10 | 60..40,20 | 90..60,30 | 30000..20100,00 |

67 centimes par jour font par an 244 f. 55 c.

*A 68 centimes la chose.*

| val. f. c. | val. f. c. | val. f. c. | valent f. c. |
|---|---|---|---|
| 1.. 0,68 | 31..21,08 | 61..41,48 | 91.. 61,88 |
| 2.. 1,36 | 32..21,76 | 62..42,16 | 92.. 62,56 |
| 3.. 2,04 | 33..22,44 | 63..42,84 | 93.. 63,24 |
| 4.. 2,72 | 34..23,12 | 64..43,52 | 94.. 63,92 |
| 5.. 3,40 | 35..23,80 | 65..44,20 | 95.. 64,60 |
| 6.. 4,08 | 36..24,48 | 66..44,88 | 96.. 65,28 |
| 7.. 4,76 | 37..25,16 | 67..45,56 | 97.. 65,96 |
| 8.. 5,44 | 38..25,84 | 68..46,24 | 98.. 66,64 |
| 9.. 6,12 | 39..26,52 | 69..46,92 | 99.. 67,32 |
| 10.. 6,80 | 40..27,20 | 70..47,60 | 100.. 68,00 |
| 11.. 7,48 | 41..27,88 | 71..48,28 | 200.. 136,00 |
| 12.. 8,16 | 42..28,56 | 72..48,96 | 300.. 204,00 |
| 13.. 8,84 | 43..29,24 | 73..49,64 | 400.. 272,00 |
| 14.. 9,52 | 44..29,92 | 74. 50,32 | 500.. 340,00 |
| 15..10,20 | 45..30,60 | 75..51,00 | 600.. 408,00 |
| 16..10,88 | 46..31,28 | 76..51,68 | 700.. 476,00 |
| 17..11,56 | 47..31,96 | 77..52,36 | 800.. 544,00 |
| 18..12,24 | 48..32,64 | 78..53,04 | 900.. 612,00 |
| 19..12,92 | 49..33,32 | 79..53,72 | 1000.. 680,00 |
| 20..13,60 | 50..34,00 | 80..54,40 | 2000.. 1360,00 |
| 21..14,28 | 51..34,68 | 81..55,08 | 3000.. 2040,00 |
| 22..14,96 | 52..35,36 | 82..55,76 | 4000.. 2720,00 |
| 23..15,64 | 53..36,04 | 83..56,44 | 5000.. 3400,00 |
| 24..16,32 | 54..36,72 | 84..57,12 | 6000.. 4080,00 |
| 25..17,00 | 55..37,40 | 85..57,80 | 7000.. 4760,00 |
| 26..17,68 | 56..38,08 | 86..58,48 | 8000.. 5440,00 |
| 27..18,36 | 57..38,76 | 87..59,16 | 9000.. 6120,00 |
| 28..19,04 | 58..39,44 | 88..59,84 | 10000.. 6800,00 |
| 29..19,72 | 59..40,12 | 89..60,52 | 20000..13600,00 |
| 30..20 40 | 60..40,80 | 90..61,20 | 30000..20400,00 |

68 centimes par jour font par an 248 f. 20 c.

*A 69 centimes la chose.*

| val. f. c. | val. f. c. | val. f. c. | valent f. c. |
|---|---|---|---|
| 1.. 0,69 | 31..21,39 | 61..42,09 | 91.. 62,79 |
| 2.. 1,38 | 32..22,08 | 62..42,78 | 92.. 63,48 |
| 3.. 2,07 | 33..22,77 | 63..43,47 | 93.. 64,17 |
| 4.. 2,76 | 34..23,46 | 64..44,16 | 94.. 64,86 |
| 5.. 3,45 | 35..24,15 | 65..44,85 | 95.. 65,55 |
| 6.. 4,14 | 36..24,84 | 66..45,54 | 96.. 66,24 |
| 7.. 4,83 | 37..25,53 | 67..46,23 | 97.. 66,93 |
| 8.. 5,52 | 38..26,22 | 68..46,92 | 98.. 67,62 |
| 9.. 6,21 | 39..26,91 | 69..47,61 | 99.. 68,31 |
| 10.. 6,90 | 40..27,60 | 70..48,30 | 100.. 69,00 |
| 11.. 7,59 | 41..28,29 | 71..48,99 | 200.. 138,00 |
| 12.. 8,28 | 42..28,98 | 72..49,68 | 300.. 207,00 |
| 13.. 8,97 | 43..29,67 | 73..50,37 | 400.. 276,00 |
| 14.. 9,66 | 44..30,36 | 74..51,06 | 500.. 345,00 |
| 15..10,35 | 45..31,05 | 75..51,75 | 600.. 414,00 |
| 16..11,04 | 46..31,74 | 76..52,44 | 700.. 483,00 |
| 17..11,73 | 47..32,43 | 77..53,13 | 800.. 552,00 |
| 18..12,42 | 48..33,12 | 78..53,82 | 900.. 621,00 |
| 19..13,11 | 49..33,81 | 79..54,51 | 1000.. 690,00 |
| 20..13,80 | 50..34,50 | 80..55,20 | 2000.. 1380,00 |
| 21..14,49 | 51..35,19 | 81..55,89 | 3000.. 2070,00 |
| 22..15,18 | 52..35,88 | 82..56,58 | 4000.. 2760,00 |
| 23..15,87 | 53..36,57 | 83..57,27 | 5000.. 3450,00 |
| 24..16,56 | 54..37,26 | 84..57,96 | 6000.. 4140,00 |
| 25..17,25 | 55..37,95 | 85..58,65 | 7000.. 4830,00 |
| 26..17,94 | 56..38,64 | 86..59,34 | 8000.. 5520,00 |
| 27..18,63 | 57..39,33 | 87..60,03 | 9000.. 6210,00 |
| 28..19,32 | 58..40,02 | 88..60,72 | 10000.. 6900,00 |
| 29..20,01 | 59..40,71 | 89..61,41 | 20000..13800,00 |
| 30..20,70 | 60..41,40 | 90..62,10 | 30000..20700,00 |

69 centimes par jour font par an, 251 f. 85 c.

*A 70 centimes la chose.*

| val. f. c. | val. f. c. | val. f. c. | valent f. c. |
|---|---|---|---|
| 1.. 0,70 | 31..21,70 | 61..42,70 | 91.. 63,70 |
| 2.. 1,40 | 32..22,40 | 62..43,40 | 92.. 64,40 |
| 3.. 2,10 | 33..23,10 | 63..44,10 | 93.. 65,10 |
| 4.. 2,80 | 34..23,80 | 64..44,80 | 94.. 65,80 |
| 5.. 3,50 | 35..24,50 | 65..45,50 | 95.. 66,50 |
| 6.. 4,20 | 36..25,20 | 66..46,20 | 96.. 67,20 |
| 7.. 4,90 | 37..25,90 | 67..46,90 | 97.. 67,90 |
| 8.. 5,60 | 38..26,60 | 68..47,60 | 98.. 68,60 |
| 9.. 6,30 | 39..27,30 | 69..48,30 | 99.. 69,30 |
| 10.. 7,00 | 40..28,00 | 70..49,00 | 100.. 70,00 |
| 11.. 7,70 | 41..28,70 | 71..49,70 | 200.. 140,00 |
| 12.. 8,40 | 42..29,40 | 72..50,40 | 300.. 210,00 |
| 13.. 9,10 | 43..30,10 | 73..51,10 | 400.. 280,00 |
| 14.. 9,80 | 44..30,80 | 74..51,80 | 500.. 350,00 |
| 15..10,50 | 45..31,50 | 75..52,50 | 600.. 420,00 |
| 16..11,20 | 46..32,20 | 76..53,20 | 700.. 490,00 |
| 17..11,90 | 47..32,90 | 77..53,90 | 800.. 560,00 |
| 18..12,60 | 48..33,60 | 78..54,60 | 900.. 630,00 |
| 19..13,30 | 49..34,30 | 79..55,30 | 1000.. 700,00 |
| 20..14,00 | 50..35,00 | 80..56,00 | 2000.. 1400,00 |
| 21..14,70 | 51..35,70 | 81..56,70 | 3000.. 2100,00 |
| 22..15,40 | 52..36,40 | 82..57,40 | 4000.. 2800,00 |
| 23..16,10 | 53..37,10 | 83..58,10 | 5000.. 3500,00 |
| 24..16,80 | 54..37,80 | 84..58,80 | 6000.. 4200,00 |
| 25..17,50 | 55..38,50 | 85..59,50 | 7000.. 4900,00 |
| 26..18,20 | 56..39,20 | 86..60,20 | 8000.. 5600,00 |
| 27..18,90 | 57..39,90 | 87..60,90 | 9000.. 6300,00 |
| 28..19,60 | 58..40,60 | 88..61,60 | 10000.. 7000,00 |
| 29..20,30 | 59..41,30 | 89..62,30 | 20000..14000,00 |
| 30..21,00 | 60..42,00 | 90..63,00 | 30000..21000,00 |

70 centimes par jour font par an 255 f. 50 c.

*A 71 centimes la chose.*

| val. f. c. | val. f. c. | val. f. c. | valent f. c. |
|---|---|---|---|
| 1.. 0,71 | 31..22,01 | 61..43,31 | 91.. 64,61 |
| 2.. 1,42 | 32..22,72 | 62..44,02 | 92.. 65,32 |
| 3.. 2,13 | 33..23,43 | 63..44,73 | 93.. 66,03 |
| 4.. 2,84 | 34..24,14 | 64..45,44 | 94.. 66,74 |
| 5.. 3,55 | 35..24,85 | 65..46,15 | 95.. 67,45 |
| 6.. 4,26 | 36..25,56 | 66..46,86 | 96.. 68,16 |
| 7.. 4,97 | 37..26,27 | 67..47,57 | 97.. 68,87 |
| 8.. 5,68 | 38..26,98 | 68..48,28 | 98.. 69,58 |
| 9.. 6,39 | 39..27,69 | 69..48,99 | 99.. 70,29 |
| 10.. 7,10 | 40..28,40 | 70..49,70 | 100.. 71,00 |
| 11.. 7,81 | 41..29,11 | 71..50,41 | 200.. 142,00 |
| 12.. 8,52 | 42..29,82 | 72..51,12 | 300.. 213,00 |
| 13.. 9,23 | 43..30,53 | 73..51,83 | 400.. 284,00 |
| 14.. 9,94 | 44..31,24 | 74..52,54 | 500.. 355,00 |
| 15..10,65 | 45..31,95 | 75..53,25 | 600.. 426,00 |
| 16..11,36 | 46..32,66 | 76..53,96 | 700.. 497,00 |
| 17..12,07 | 47..33,37 | 77..54,67 | 800.. 568,00 |
| 18..12,78 | 48..34,08 | 78..55,38 | 900.. 639,00 |
| 19..13,49 | 49..34,79 | 79..56,09 | 1000.. 710,00 |
| 20..14,20 | 50..35,50 | 80..56,80 | 2000.. 1420,00 |
| 21..14,91 | 51..36,21 | 81..57,51 | 3000.. 2130,00 |
| 22..15,62 | 52..36,92 | 82..58,22 | 4000.. 2840,00 |
| 23..16,33 | 53..37,63 | 83..58,93 | 5000.. 3550,00 |
| 24..17,04 | 54..38,34 | 84..59,64 | 6000.. 4260,00 |
| 25..17,75 | 55..39,05 | 85..60,35 | 7000.. 4970,00 |
| 26..18,46 | 56.39,76 | 86..61,06 | 8000.. 5680,00 |
| 27..19,17 | 57..40,47 | 87..61,77 | 9000.. 6390,00 |
| 28..19,88 | 58..41,18 | 88..62,48 | 10000.. 7100,00 |
| 29..20,59 | 59..41,89 | 89..63,19 | 20000..14200,00 |
| 30..21,30 | 60..42,60 | 90..63,90 | 30000..21300,00 |

71 centimes par jour font par an, 259 f. 15 c.

O

*A* 72 *centimes la chose.*

| val. f. c. | val. f. c. | val. f. c. | valent | f. c. |
|---|---|---|---|---|
| 1.. 0,72 | 31..22,32 | 61..43,92 | 91.. | 65,52 |
| 2.. 1,44 | 32..23,04 | 62..44,64 | 92.. | 66,24 |
| 3.. 2,16 | 33..23,76 | 63..45,36 | 93.. | 66,96 |
| 4.. 2,88 | 34..24,48 | 64..46,08 | 94.. | 67,68 |
| 5.. 3,60 | 35..25,20 | 65..46,80 | 95.. | 68,40 |
| 6.. 4,32 | 36..25,92 | 66..47,52 | 96.. | 69,12 |
| 7.. 5,04 | 37..26,64 | 67..48,24 | 97.. | 69,84 |
| 8.. 5,76 | 38..27,36 | 68..49,96 | 98.. | 70,56 |
| 9.. 6,48 | 39..28,08 | 69..49,68 | 99.. | 71,28 |
| 10.. 7,20 | 40..28,80 | 70..50,40 | 100.. | 72,00 |
| 11.. 7,92 | 41..29,52 | 71..51,12 | 200.. | 144,00 |
| 12.. 8,64 | 42..30,24 | 72..51,84 | 300.. | 216,00 |
| 13.. 9,36 | 43..31,96 | 73..52,56 | 400.. | 288,00 |
| 14..10,08 | 44..31,68 | 74..53,28 | 500.. | 360,00 |
| 15..10,80 | 45..32,40 | 75..54,00 | 600.. | 432,00 |
| 16..11,52 | 46..33,12 | 76..54,72 | 700.. | 504,00 |
| 17..12,24 | 47..33,84 | 77..55,44 | 800.. | 576,00 |
| 18..12 96 | 48..34,56 | 78..56,16 | 900.. | 648,00 |
| 19..13,68 | 49..35 28 | 79..56,88 | 1000.. | 720,00 |
| 20..14,40 | 50..36,00 | 80..57,60 | 2000.. | 1440,00 |
| 21..15,12 | 51..36,72 | 81..58,32 | 3000.. | 2160,00 |
| 22..15,84 | 52..37,44 | 82..59,04 | 4000.. | 2880,00 |
| 23..16,56 | 53..38,16 | 83..59,76 | 5000.. | 3600,00 |
| 24..17,28 | 54..38,88 | 84..60,48 | 6000.. | 4320,00 |
| 25..18,00 | 55..39,60 | 85..61,20 | 7000.. | 5040,00 |
| 26..18,72 | 55..40,32 | 86..61,92 | 8000.. | 5760,00 |
| 27..19,44 | 57..41,04 | 87..62,64 | 9000.. | 6480,00 |
| 28..20,16 | 58..41,76 | 88..63,36 | 10000.. | 7200,00 |
| 29..20,88 | 59..42,48 | 89..64,08 | 20000..14400,00 | |
| 30..21,60 | 60..43,20 | 90..64,80 | 30000..21600,00 | |

72 centimes par jour font par an 262 f. 80 c.

*A 73 centimes la chose.*

| val. f. c. | val. f. c. | val. f. c. | valent f. c. |
|---|---|---|---|
| 1.. 0,73 | 31..22,63 | 61..44,53 | 91.. 66,43 |
| 2.. 1,46 | 32..23,36 | 62..45,26 | 92.. 67.16 |
| 3.. 2,19 | 33..24,09 | 63..45,99 | 93.. 67.89 |
| 4.. 2,92 | 34..24,82 | 64..46,72 | 94.. 68,62 |
| 5.. 3,65 | 35..25,55 | 65..47,45 | 95.. 69,35 |
| 6.. 4,38 | 36..26,28 | 66..48,18 | 96.. 70,08 |
| 7.. 5,11 | 37..27,01 | 67..48,91 | 97.. 70,81 |
| 8.. 5,84 | 38..27.74 | 68..49,64 | 98.. 71,54 |
| 9.. 6,57 | 39..28,47 | 69..50,37 | 99.. 72,27 |
| 10.. 7,30 | 40..29,20 | 70..51,10 | 100.. 73,00 |
| 11.. 8,03 | 41..29,93 | 71..51,83 | 200.. 146,00 |
| 12.. 8,76 | 42..30,66 | 72..52,56 | 300.. 219,00 |
| 13.. 9,49 | 43..31,39 | 73..53,29 | 400.. 292,00 |
| 14..10,22 | 44..32,12 | 74..54,02 | 500.. 365,00 |
| 15..10,95 | 45..32,85 | 75..54,75 | 600.. 438,00 |
| 16..11,68 | 46..33,58 | 76..55,48 | 700.. 511,00 |
| 17..12,41 | 47..34,31 | 77..56,21 | 800.. 584,00 |
| 18..13,14 | 48..35,04 | 78..56,94 | 900.. 657,00 |
| 19..13,87 | 49..35,77 | 79..57,67 | 1000.. 730,00 |
| 20..14,60 | 50..36,50 | 80..58,40 | 2000.. 1460,00 |
| 21..15,33 | 51..37,23 | 81..59,13 | 3000.. 2190,00 |
| 22..16,06 | 52..37,96 | 82..59,86 | 4000.. 2920,00 |
| 23..16,79 | 53..38,69 | 83..60,59 | 5000.. 3650,00 |
| 24..17,52 | 54..39,42 | 84..61,32 | 6000.. 4380,00 |
| 25..18,25 | 55..40,15 | 85..62,05 | 7000.. 5110,00 |
| 26..18,98 | 56..40,88 | 86..62,78 | 8000.. 5840,00 |
| 27..19,71 | 57..41,61 | 87..63,51 | 9000.. 6570,00 |
| 28..20,44 | 58..42,34 | 88..64,24 | 10000.. 7300,00 |
| 29..21,17 | 59..43,07 | 89..64,97 | 20000..14600,00 |
| 30..21,90 | 60..43,80 | 90..65,70 | 30000..21900,00 |

73 centimes par jour font par an 266 f. 45 c.

*A 74 centimes la chose.*

| val. f. c. | val. f. c. | val. f. c. | valent f. c. |
|---|---|---|---|
| 1.. 0,74 | 31..22,94 | 61..45,14 | 91.. 67,32 |
| 2.. 1,48 | 32..23,68 | 62..45,88 | 92.. 68,08 |
| 3.. 2,22 | 33..24,42 | 63..46,62 | 93.. 68,82 |
| 4.. 2,96 | 34..25,16 | 64..47,36 | 94.. 69,56 |
| 5.. 3,70 | 35..25,90 | 65..48,10 | 95.. 70,30 |
| 6.. 4,44 | 36..26,64 | 66..48,84 | 96 . 71,04 |
| 7.. 5,18 | 37..27,38 | 67..49,58 | 97.. 71,78 |
| 8.. 5,92 | 38..28,12 | 68..50,32 | 98.. 72,52 |
| 9.. 6,66 | 39..28,86 | 69..51,06 | 99.. 73,26 |
| 10.. 7,40 | 40..29,60 | 70..51,80 | 100.. 74,00 |
| 11.. 8,14 | 41..30,34 | 71..52,54 | 200.. 148,00 |
| 12.. 8,88 | 42..31,08 | 72..53,28 | 300.. 222,00 |
| 13.. 9,62 | 43..31,82 | 73..54,02 | 400.. 295,00 |
| 14..10,36 | 44..32,56 | 74..54,76 | 500.. 370,00 |
| 15..11,10 | 45..33,30 | 75..55,50 | 600.. 444,00 |
| 16..11,84 | 46..34,04 | 76..56,24 | 700.. 518,00 |
| 17..12,58 | 47..34,78 | 77..56,98 | 800.. 592,00 |
| 18..13,32 | 48..35,52 | 78..57,72 | 900.. 666,00 |
| 19..14,06 | 49..36,26 | 79..58,46 | 1000.. 740,00 |
| 20..14,80 | 50..37,00 | 80..59,20 | 2000.. 1480,00 |
| 21..15,54 | 51..37,74 | 81..59,94 | 3000.. 2220,00 |
| 22..16,28 | 52..38,48 | 82..60,68 | 4000.. 2960,00 |
| 23..17,02 | 53..39,22 | 83..61,42 | 5000.. 3700,00 |
| 24..17,76 | 54..39,96 | 84..62,16 | 6000.. 4440,00 |
| 25..18,50 | 55..40,70 | 85..62,90 | 7000.. 5180,00 |
| 26..19,24 | 56..41,44 | 86..63,64 | 8000.. 5920,00 |
| 27..19,98 | 57..42,18 | 87..64,38 | 9000.. 6660,00 |
| 28..20,72 | 58..42,92 | 88..65,12 | 10000.. 7400,00 |
| 29..21,46 | 59..43,66 | 89..65,86 | 20000..14800,00 |
| 30..22,20 | 60..44,40 | 90..66,60 | 30000..22200,00 |

74 centimes par jour font par an, 270 f. 10 c.

*A 75 centimes la chose.*

| val. f. c. | val. f. c. | val. f. c. | valent f. c. |
|---|---|---|---|
| 1.. 0,75 | 31..23,25 | 61..45,75 | 91.. 68,25 |
| 2.. 1,50 | 32..24,00 | 62..46,50 | 92.. 69,00 |
| 3.. 2,25 | 33..24,75 | 63..47,25 | 93.. 69,75 |
| 4.. 3,00 | 34..25,50 | 64..48,00 | 94.. 70,50 |
| 5.. 3,75 | 35..26,25 | 65..48,75 | 95.. 71,25 |
| 6.. 4,50 | 36..27,00 | 66..49,50 | 96.. 72,00 |
| 7.. 5,25 | 37..27,75 | 67..50,25 | 97.. 72,75 |
| 8.. 6,00 | 38..28,50 | 68..51,00 | 98.. 73,50 |
| 9.. 6,75 | 39..29,25 | 69. 51,75 | 99.. 74,25 |
| 10.. 7,50 | 40..30,00 | 70..52,50 | 100.. 75,00 |
| 11.. 8,25 | 41..30,75 | 71..53,25 | 200.. 150,00 |
| 12.. 9,00 | 42..31,50 | 72..54,00 | 300.. 225,00 |
| 13.. 9,75 | 43..32,25 | 73..54,75 | 400.. 300,00 |
| 14..10,50 | 44..33,00 | 74..55,50 | 500.. 375,00 |
| 15..11,25 | 45..33,75 | 75..56,25 | 600.. 450,00 |
| 16..12,00 | 46..34,50 | 76..57,00 | 700.. 525,00 |
| 17..12,75 | 47..35,25 | 77..57,75 | 800.. 600,00 |
| 18..13,50 | 48..36,00 | 78..58,50 | 900.. 675,00 |
| 19..14,25 | 49..36,75 | 79..59,25 | 1000.. 750,00 |
| 20..15,00 | 50..37,50 | 80..60,00 | 2000.. 1500,00 |
| 21..15,75 | 51..38,25 | 81..60,75 | 3000.. 2250,00 |
| 22..16,50 | 52..39,00 | 82..61,50 | 4000.. 3000,00 |
| 23..17,25 | 53..39,75 | 83..62,25 | 5000.. 3750,00 |
| 24..18,00 | 54..40,50 | 84..63,00 | 6000.. 4500,00 |
| 25..18,75 | 55..41,25 | 85..63,75 | 7000.. 5250,00 |
| 26..19,50 | 56..42,00 | 86..64,50 | 8000.. 6000,00 |
| 27..20,25 | 57..42,75 | 87..65,25 | 9000.. 6750,00 |
| 28..21,00 | 58..43,50 | 88..66,00 | 10000.. 7500,00 |
| 29..21,75 | 59..44,25 | 89..66,75 | 20000..15000,00 |
| 30..22,50 | 60..45,00 | 90..67,50 | 30000..22500,00 |

75 centimes par jour font par an , 273 f. 75 c.

*A 76 centimes la chose.*

| val. f. c. | val. f. c. | val. f. c. | valent f. c. |
|---|---|---|---|
| 1.. 0,76 | 31..23,56 | 61..46,36 | 91.. 69,16 |
| 2.. 1,52 | 32..24,32 | 62..47,12 | 92.. 69,92 |
| 3.. 2,28 | 33..25,08 | 63..47,88 | 93.. 70,68 |
| 4.. 3,04 | 34..25,84 | 64..48,64 | 94.. 71,44 |
| 5.. 3,80 | 35..26,60 | 65..49,40 | 95.. 72,20 |
| 6.. 4,56 | 36..27,36 | 66..50,16 | 96.. 72,96 |
| 7.. 5,32 | 36..28,12 | 67..50,92 | 97.. 73,72 |
| 8.. 6,08 | 38..28,88 | 68..51,68 | 98.. 74,48 |
| 9.. 6,84 | 39..29,64 | 69..52,44 | 99.. 75,24 |
| 10.. 7,60 | 40..30,40 | 70..53,20 | 100.. 76,00 |
| 11.. 8,36 | 41..31,16 | 71..53,96 | 200.. 152,00 |
| 12.. 9,12 | 42..31,92 | 72..54,72 | 300.. 228,00 |
| 13.. 9,88 | 43..32,68 | 73..55,48 | 400.. 304,00 |
| 14..10,64 | 44..33,44 | 74..56,24 | 500.. 380,00 |
| 15..11,40 | 45..34,20 | 75..57,00 | 600.. 456,00 |
| 16..12,16 | 46..34,96 | 76..57,76 | 700.. 532,00 |
| 17..12,92 | 47..35,72 | 77..58,52 | 800.. 608,00 |
| 18..13,68 | 48..36,48 | 78..59,28 | 900.. 684,00 |
| 19..14,44 | 49..37,24 | 79..60,04 | 1000.. 760,00 |
| 20..15,20 | 50..38,00 | 80..60,80 | 2000.. 1520,00 |
| 21..15,96 | 51..38,76 | 81..61,56 | 3000.. 2280,00 |
| 22..16,72 | 52..39,52 | 82..62,32 | 4000.. 3040,00 |
| 23..17,48 | 53..40,28 | 83..63,08 | 5000.. 3800,00 |
| 24..18,24 | 54..41,04 | 84..63,84 | 6000.. 4560,00 |
| 25..19,00 | 55..41,80 | 85..64,60 | 7000.. 5320,00 |
| 26..19,76 | 56..42,56 | 86..65,36 | 8000.. 6080,00 |
| 27..20,52 | 57..43,32 | 87..66,12 | 9000.. 6840,00 |
| 28..21,28 | 58..44,08 | 88..66,88 | 10000.. 7600,00 |
| 29..22,04 | 59..44,84 | 89..67,64 | 20000..15200,00 |
| 30..22,80 | 60..45,60 | 90..68,40 | 30000..22800,00 |

76 centimes par jour font par an, 277 f. 40 c.

*A 77 centimes la chose.*

| val. f. c. | val. f. c. | val. f. c. | valent f. c. |
|---|---|---|---|
| 1.. 0,77 | 31..23,87 | 61..46,97 | 91.. 70,07 |
| 2.. 1,54 | 32..24,64 | 62..47,74 | 92.. 70,84 |
| 3.. 2,31 | 33..25,41 | 63..48,51 | 93.. 71,61 |
| 4.. 3,08 | 34..26,18 | 64..49,28 | 94.. 72,38 |
| 5.. 3.85 | 35..26,95 | 65..50,05 | 95.. 73,15 |
| 6.. 4,62 | 36..27,72 | 66..50,82 | 96.. 73,92 |
| 7.. 5,39 | 37..28,49 | 67..51,59 | 97.. 74,69 |
| 8.. 6,16 | 38..29,26 | 68. 52,36 | 98.. 75,46 |
| 9.. 6,93 | 39..30,03 | 69..53,13 | 99.. 76,23 |
| 10.. 7,70 | 40..30,80 | 70..53,90 | 100.. 77,00 |
| 11.. 8,47 | 41..31,57 | 71..54,67 | 200.. 154,00 |
| 12.. 9,24 | 42..32,34 | 72..55,44 | 300.. 231,00 |
| 13..10,01 | 43..33,11 | 73..56,21 | 400.. 308,00 |
| 14..10,78 | 44..33,88 | 74..56,98 | 500.. 385,00 |
| 15..11,55 | 45..34,65 | 75..57,75 | 600.. 462,00 |
| 16..12,32 | 46..35,42 | 76..58,52 | 700.. 539,00 |
| 17..13,09 | 47..36,19 | 77..59,29 | 800.. 616,00 |
| 18..13,86 | 48..36,96 | 78..60,06 | 900.. 693 00 |
| 19..14,63 | 49..37,73 | 79..60,83 | 1000.. 770,00 |
| 20..15,40 | 50..38,50 | 80..61,60 | 2000.. 1540,00 |
| 21..16,17 | 51..39,27 | 81..62,37 | 3000.. 2310,00 |
| 22..16,94 | 52..40,04 | 82..63,14 | 4000.. 3080,00 |
| 23..17,71 | 53..40,81 | 83..63,91 | 5000.. 3850,00 |
| 24..18,48 | 54..41,58 | 84..64,68 | 6000.. 4620,00 |
| 25..19,25 | 55..42,35 | 85..65,45 | 7000.. 5390,00 |
| 26..20,02 | 56..43,12 | 86..66,22 | 8000.. 6160,00 |
| 27..20,79 | 57..43,89 | 87..66,99 | 9000.. 6930,00 |
| 28..21,56 | 58..44,66 | 88..67,76 | 10000.. 7700,00 |
| 29..22,33 | 59..45,43 | 89..68,53 | 20000..15400,00 |
| 30..23,10 | 60..46,20 | 90..69,30 | 30000..23100,00 |

77 centimes par jour font par an 281 f. 05 c.

*A 78 centimes la chose.*

| val. f. c. | val. f. c. | val. f. c. | valent f. c. |
|---|---|---|---|
| 1.. 0,78 | 31..24,18 | 61..47,58 | 91.. 70,98 |
| 2.. 1,56 | 32..24,96 | 62..48,36 | 92.. 71,76 |
| 3.. 2,34 | 33..25,74 | 63..49,14 | 93.. 72,54 |
| 4.. 3,12 | 34..26,52 | 64..49,92 | 94.. 73,32 |
| 5.. 3,90 | 35..27,30 | 65..50,70 | 95.. 74,10 |
| 6.. 4,68 | 36..28,08 | 66..51,48 | 96.. 74,88 |
| 7.. 5,46 | 37..28,86 | 67..52,26 | 97.. 75,66 |
| 8.. 6,24 | 38..29,64 | 68..53,04 | 98.. 76,44 |
| 9.. 7,02 | 39..30,42 | 69..53,82 | 99.. 77,22 |
| 10.. 7,80 | 40..31,20 | 70..54,60 | 100.. 78,00 |
| 11.. 8,58 | 41..31,98 | 71..55,38 | 200.. 156,00 |
| 12.. 9,36 | 42..32,76 | 72..56,16 | 300.. 234,00 |
| 13..10,14 | 43..33,54 | 73..56,94 | 400.. 312,00 |
| 14..10,92 | 44..34,32 | 74..57,72 | 500.. 390,00 |
| 15..11,70 | 45..35,10 | 75..58,50 | 600.. 468,00 |
| 16..12,48 | 46..35,88 | 76..59,28 | 700.. 546,00 |
| 17..13,26 | 47..36,66 | 77..60,06 | 800.. 624,00 |
| 18..14,04 | 48..37,44 | 78..60,84 | 900.. 702,00 |
| 19..14,82 | 49..38,22 | 79..61,62 | 1000.. 780,00 |
| 20..15,60 | 50..39,00 | 80..62,40 | 2000.. 1560,00 |
| 21..16,38 | 51..39,78 | 81..63,18 | 3000.. 2340,00 |
| 22..17,16 | 52..40,56 | 82..63,96 | 4000.. 3120,00 |
| 23..17,94 | 53..41,34 | 83..64,74 | 5000.. 3900,00 |
| 24..18,72 | 54..42,12 | 84..65,52 | 6000.. 4680,00 |
| 25..19,50 | 55..42,90 | 85..66,30 | 7000.. 5450,00 |
| 26..20,28 | 56..43,68 | 86..67,08 | 8000.. 6240,00 |
| 27..21,06 | 57..44,46 | 87..67,86 | 9000.. 7020,00 |
| 28..21,84 | 58..45,24 | 88..68,64 | 10000.. 7800,00 |
| 29..22,62 | 59..46,02 | 89..69,42 | 20000..15600,00 |
| 30..23,40 | 60..46,80 | 90..70,20 | 30000..23400,00 |

78 centimes par jour font par an 284 f. 70 c.

*A 79 centimes la chose.*

| val. f. c. | val. f. c. | val. f. c. | valent f. c. |
|---|---|---|---|
| 1.. 0,79 | 31..24,49 | 61..48,19 | 91.. 71,89 |
| 2.. 1,58 | 32..25,28 | 62..48,98 | 92.. 72,68 |
| 3.. 2,37 | 33..26,07 | 63..49,77 | 93.. 73,47 |
| 4.. 3,16 | 34..26,86 | 64..50,56 | 94.. 74,26 |
| 5.. 3,95 | 35..27,65 | 65..51,35 | 95.. 75,05 |
| 6.. 4,74 | 36..28,44 | 66..52,14 | 96.. 75,84 |
| 7.. 5,53 | 37..29,23 | 67..52,93 | 97.. 76,63 |
| 8.. 6,32 | 38..30,02 | 68..53,72 | 98.. 77,42 |
| 9.. 7,11 | 39..30,81 | 69..54,51 | 99.. 78,21 |
| 10.. 7,90 | 40..31,60 | 70..55,30 | 100.. 79,00 |
| 11.. 8,69 | 41..32,39 | 71..56,09 | 200.. 158,00 |
| 12.. 9,48 | 42..33,18 | 72..56,88 | 300.. 237,00 |
| 13..10,27 | 43..33,97 | 73..57,67 | 400.. 316,00 |
| 14..11,06 | 44..34,76 | 74..58,46 | 500.. 395,00 |
| 15..11,85 | 45..35,55 | 75..59,25 | 600.. 474,00 |
| 16..12,64 | 46..36,34 | 76..60,04 | 700.. 553,00 |
| 17..13,43 | 47..37,13 | 77..60,83 | 800.. 632,00 |
| 18..14,22 | 48..37,92 | 78..61,62 | 900.. 711,00 |
| 19..15,01 | 49..38,71 | 79..62,41 | 1000.. 790,00 |
| 20..15,80 | 50..39,50 | 80..63,20 | 2000.. 1580,00 |
| 21..16,59 | 51..40,29 | 81..63,99 | 3000.. 2370,00 |
| 22..17,38 | 52..41,08 | 82..64,78 | 4000.. 3160,00 |
| 23..18,17 | 53..41,87 | 83..65,57 | 5000.. 3950,00 |
| 24..18,96 | 54..42,66 | 84..66,36 | 6000.. 4740,00 |
| 25..19,75 | 55..43,45 | 85..67,15 | 7000.. 5530,00 |
| 26..20,54 | 56..44,24 | 86..67,94 | 8000.. 6320,00 |
| 27..21,33 | 57..45,03 | 87..68,73 | 9000.. 7110,00 |
| 28..22,12 | 58..45,82 | 88..69,52 | 10000.. 7900,00 |
| 29..22,91 | 59..46,61 | 89..70,31 | 20000..15800,00 |
| 30..23,70 | 60..47,40 | 90..71,10 | 30000..23700,00 |

79 centimes par jour font par an 288 f. 35 c.

*A 80 centimes la chose.*

| val. f. c. | val. f. c. | val. f. c. | valent f. c. |
|---|---|---|---|
| 1.. 0,80 | 31..24,80 | 61..48,80 | 91.. 72,80 |
| 2.. 1,60 | 32..25,60 | 62..49,60 | 92.. 73,60 |
| 3.. 2,40 | 33..26,40 | 63..50,40 | 93.. 74,40 |
| 4.. 3,20 | 34..27,20 | 64..51,20 | 94.. 75,20 |
| 5.. 4,00 | 35..28,00 | 65..52,00 | 95.. 76,00 |
| 6.. 4,80 | 36..28,80 | 66..52,80 | 96.. 76,80 |
| 7.. 5,60 | 37..29,60 | 67..53,60 | 97.. 77,60 |
| 8.. 6,40 | 38..30,40 | 68..54,40 | 98.. 78,40 |
| 9.. 7,20 | 39..31,20 | 69..55,20 | 99.. 79,20 |
| 10.. 8,00 | 40..32,00 | 70..56,00 | 100.. 80,00 |
| 11.. 8,80 | 41..32,80 | 71..56,80 | 200.. 160,00 |
| 12.. 9,60 | 42..33,60 | 72..57,60 | 300.. 240,00 |
| 13..10,40 | 43..34,40 | 73..58,40 | 400.. 320,00 |
| 14..11,20 | 44..35,20 | 74..59,20 | 500.. 400,00 |
| 15..12,00 | 45..36,00 | 75..60,00 | 600.. 480,00 |
| 16..12,80 | 46..36,80 | 76..60,80 | 700.. 560,00 |
| 17..13,60 | 47..37,60 | 77..61,60 | 800.. 640,00 |
| 18..14,40 | 48..38,40 | 78..62,40 | 900.. 720,00 |
| 19..15,20 | 49..39,20 | 79..63,20 | 1000.. 800,00 |
| 20..16,00 | 50..40,00 | 80..64,00 | 2000.. 1600,00 |
| 21..16,80 | 51..40,80 | 81..64,80 | 3000.. 2400,00 |
| 22..17,60 | 52..41,60 | 82..65,60 | 4000.. 3200,00 |
| 23..18,40 | 53..42,40 | 83..66,40 | 5000.. 4000,00 |
| 24..19,20 | 54..43,20 | 84..67,20 | 6000.. 4800,00 |
| 25..20,00 | 55..44,00 | 85..68,00 | 7000.. 5600,00 |
| 26..20,80 | 56..44,80 | 86..68,80 | 8000.. 6400,00 |
| 27..21,60 | 57..45,60 | 87..69,60 | 9000.. 7200,00 |
| 28..22,40 | 58..45,40 | 88..70,40 | 10000.. 8000,00 |
| 29..23,20 | 59..47,20 | 89..71,20 | 20000..16000,00 |
| 30..24,00 | 60..48,00 | 90..72,00 | 30000..24000.00 |

80 centimes par jour font par an 292 f. 00 c.

*A* 81 *centimes la chose.*

| val. | f. c. | val. | f. c. | val. | f. c. | valent | f. c. |
|---|---|---|---|---|---|---|---|
| 1.. | 0,81 | 31.. | 25,11 | 61.. | 49,41 | 91.. | 73,71 |
| 2.. | 1,62 | 32.. | 25,92 | 62.. | 50,22 | 92.. | 74,52 |
| 3.. | 2,43 | 33.. | 26,73 | 63.. | 51,03 | 93.. | 75,33 |
| 4.. | 3,24 | 34.. | 27,54 | 64.. | 51,84 | 94.. | 76,14 |
| 5.. | 4,05 | 35.. | 28,35 | 65.. | 52,65 | 95.. | 76,95 |
| 6.. | 4,86 | 36.. | 29,16 | 66.. | 53,46 | 96.. | 77,76 |
| 7.. | 5,67 | 37.. | 29,97 | 67.. | 54,27 | 97.. | 78,57 |
| 8.. | 6,48 | 38.. | 30,78 | 68.. | 55,08 | 98.. | 79,38 |
| 9.. | 7,29 | 39.. | 31,59 | 69.. | 55,89 | 99.. | 80,19 |
| 10.. | 8,10 | 40.. | 32,40 | 70.. | 56,70 | 100.. | 81,00 |
| 11.. | 8,91 | 41.. | 33,21 | 71.. | 57,51 | 200.. | 162,00 |
| 12.. | 9,72 | 42.. | 34,02 | 72.. | 58,32 | 300.. | 243,00 |
| 13.. | 10,53 | 43.. | 34,83 | 73.. | 59,13 | 400.. | 324,00 |
| 14.. | 11,34 | 44.. | 35,64 | 74.. | 59,94 | 500.. | 405,00 |
| 15.. | 12,15 | 45.. | 36,45 | 75.. | 60,75 | 600.. | 486,00 |
| 16.. | 12,96 | 46.. | 37,26 | 76.. | 61,56 | 700.. | 567,00 |
| 17.. | 13,77 | 47.. | 38,07 | 77.. | 62,37 | 800.. | 648,00 |
| 18.. | 14,58 | 48.. | 38,88 | 78.. | 63,18 | 900.. | 729,00 |
| 19.. | 15,39 | 49.. | 39,69 | 79.. | 63,99 | 1000.. | 810,00 |
| 20.. | 16,20 | 50.. | 40,50 | 80.. | 64,80 | 2000.. | 1620,00 |
| 21.. | 17,01 | 51.. | 41,31 | 81.. | 65,61 | 3000.. | 2430,00 |
| 22.. | 17,82 | 52.. | 42,12 | 82.. | 66,42 | 4000.. | 3240,00 |
| 23.. | 18,63 | 53.. | 42,93 | 83.. | 67,23 | 5000.. | 4050,00 |
| 24.. | 19,44 | 54.. | 43,74 | 84.. | 68,04 | 6000.. | 4860,00 |
| 25.. | 20,25 | 55.. | 44,55 | 85.. | 68,85 | 7000.. | 5670,00 |
| 26.. | 21,06 | 56.. | 45,36 | 86.. | 69,66 | 8000.. | 6480,00 |
| 27.. | 21,87 | 57.. | 46,17 | 87.. | 70,47 | 9000.. | 7290,00 |
| 28.. | 22,68 | 58.. | 46,98 | 88.. | 71,28 | 10000.. | 8100,00 |
| 29.. | 23,49 | 59.. | 47,79 | 89.. | 72,09 | 20000.. | 16200,00 |
| 30.. | 24,30 | 60.. | 48,60 | 90.. | 72,90 | 30000.. | 24300,00 |

81 centimes par jour font par an 295 f. 65 c.

*A 82 centimes la chose.*

| val. f. c. | val. f. c. | val. f. c. | valent f. c. |
|---|---|---|---|
| 1.. 0,82 | 31..25,42 | 61..50,02 | 91.. 74,62 |
| 2.. 1,64 | 32..26,24 | 62..50,84 | 92.. 75,44 |
| 3.. 2,46 | 33..27,06 | 63..51,66 | 93.. 76,26 |
| 4.. 3,28 | 34..27,88 | 64..52,48 | 94.. 77,08 |
| 5.. 4,10 | 35..28,70 | 65..53,30 | 95.. 77,90 |
| 6.. 4,92 | 36..29 52 | 66..54,12 | 96.. 78,72 |
| 7.. 5,74 | 37..30,34 | 67..54,94 | 97.. 79,54 |
| 8.. 6,56 | 38..31,16 | 68..55,76 | 98.. 80,36 |
| 9.. 7,38 | 39..31,98 | 69..56,58 | 99.. 81,18 |
| 10.. 8,20 | 40..32,80 | 70..57,40 | 100.. 82,00 |
| 11.. 9,02 | 41..33,62 | 71..58,22 | 200.. 164,00 |
| 12.. 9,84 | 42..34,44 | 72..59,04 | 300.. 246,00 |
| 13..10,66 | 43..35,26 | 73..59,86 | 400.. 328,00 |
| 14..11,48 | 44..36,08 | 74..60,68 | 500.. 410 00 |
| 15..12,30 | 45..36,90 | 75..61,50 | 600.. 492,00 |
| 16..13,12 | 49..37,72 | 76..62,32 | 700.. 574,00 |
| 17..13,94 | 47..38,54 | 77..63,14 | 800.. 656,00 |
| 18..14,76 | 48..39,36 | 78..63,96 | 900.. 738,00 |
| 19..15,58 | 49..40,18 | 79..64,78 | 1000.. 820,00 |
| 20..16,40 | 50..41,00 | 80..65,60 | 2000.. 1640,00 |
| 21..17,22 | 51..41,82 | 81..66,42 | 3000.. 2460,00 |
| 22..18,04 | 52..42,64 | 82..67,24 | 4000.. 3280,00 |
| 23..18,86 | 53..43,46 | 83..68,06 | 5000.. 4100,00 |
| 24..19,68 | 54..44,28 | 84..68,88 | 6000.. 4920,00 |
| 25..20,50 | 55..45,10 | 85..69,70 | 7000.. 5740,00 |
| 26..21,32 | 56..45,92 | 86..70,52 | 8000.. 6560,00 |
| 27..22,14 | 57..46,74 | 87..71,34 | 9000.. 7380,00 |
| 28..22,96 | 58..47,56 | 88..72,16 | 10000.. 8200,00 |
| 29..23,78 | 59..48,38 | 89..72,98 | 20000..16400,00 |
| 30..24,60 | 60..49 20 | 90..73,88 | 30000..24600,00 |

82 centimes par jour font par an, 299 f. 30 c.

*A 83 centimes la chose.*

| val. f. c. | val. f. c. | val. f. c. | valent f. c. |
|---|---|---|---|
| 1.. 0,83 | 31..25,73 | 61..50,63 | 91.. 75,53 |
| 2.. 1,66 | 32..26,56 | 62..51,46 | 92.. 76,36 |
| 3.. 2,49 | 33..27,39 | 63..52,29 | 93.. 77,19 |
| 4.. 3,32 | 34..28,22 | 64..53,12 | 94.. 78,02 |
| 5.. 4,15 | 35..29,05 | 65..53,95 | 95.. 78,85 |
| 6.. 4,98 | 36..29,88 | 66..54,78 | 96.. 79,68 |
| 7.. 5,81 | 37..30,71 | 67..55,61 | 97.. 80,51 |
| 8.. 6,64 | 38..31,54 | 68..56,44 | 98.. 81,34 |
| 9.. 7,47 | 39..32,37 | 69..57,27 | 99.. 82,17 |
| 10.. 8,30 | 40..33,20 | 70..58,10 | 100.. 83,00 |
| 11.. 9,13 | 41..34,03 | 71..58,93 | 200.. 166,00 |
| 12.. 9,96 | 42..34,86 | 72..59,76 | 300.. 249,00 |
| 13..10,79 | 43..35,69 | 73..60,59 | 400.. 332,00 |
| 14..11,62 | 44..36,52 | 74..61,42 | 500.. 415,00 |
| 15..12,45 | 45..37,35 | 75..62,25 | 600.. 498,00 |
| 16..13,28 | 46..38,18 | 76..63,08 | 700.. 581,00 |
| 17..14,11 | 47..39,01 | 77..63,91 | 800.. 664,00 |
| 18..14,94 | 48..39,84 | 78..64,74 | 900.. 747,00 |
| 19..15,77 | 49..40,67 | 79..65,57 | 1000.. 830,00 |
| 20..16,60 | 50..41,50 | 80..66,40 | 2000.. 1660,00 |
| 21..17,43 | 51..42,33 | 81..67,23 | 3000.. 2490,00 |
| 22..18,26 | 52..43,16 | 82..68,06 | 4000.. 3320,00 |
| 23..19,09 | 53..43,99 | 83..68,89 | 5000.. 4150,00 |
| 24..19,92 | 54..44,82 | 84..69,72 | 6000.. 4980,00 |
| 25..20,75 | 55..45,65 | 85..70,55 | 7000.. 5810,00 |
| 26..21,58 | 56..46,48 | 86..71,38 | 8000.. 6640,00 |
| 27..22,41 | 57..47,31 | 87..72,21 | 9000.. 7470,00 |
| 28..23,24 | 58..48,14 | 88..73,04 | 10000.. 8300,00 |
| 29..24,07 | 59..48,97 | 89..73,87 | 20000..16600,00 |
| 30..24,90 | 60..49,80 | 90..74,70 | 30000..24900,00 |

83 centimes par jour font par an, 302 f. 95 c.

P

*A 84 centimes la chose.*

| val. f. c. | val. f. c. | val. f. c. | valent f. c. |
|---|---|---|---|
| 1.. 0,84 | 31..26,04 | 61..51,24 | 91.. 76,44 |
| 2.. 1,68 | 32..26,88 | 62..52,08 | 92.. 77,28 |
| 3.. 2,52 | 33..27,72 | 63..52,92 | 93.. 78,12 |
| 4.. 3,36 | 34..28,56 | 64..53,76 | 94.. 78,96 |
| 5.. 4,20 | 35..29,40 | 65..54,60 | 95.. 79,80 |
| 6.. 5,04 | 36..30,24 | 66..55 44 | 96.. 80,64 |
| 7.. 5,88 | 37..31,08 | 67..56,28 | 97.. 81,48 |
| 8.. 6,72 | 38..31,92 | 68..57,12 | 98.. 82,32 |
| 9.. 7,56 | 39..32,76 | 69..57,96 | 99.. 83,16 |
| 10.. 8,40 | 40..33,60 | 70..58,80 | 100.. 84,00 |
| 11.. 9,24 | 41..34,44 | 71..59,64 | 200.. 168,00 |
| 12..10,08 | 42..35,28 | 72..60,48 | 300.. 252,00 |
| 13..10,92 | 43..36,12 | 73..61,32 | 400.. 336,00 |
| 14..11,76 | 44..36,96 | 74..62,16 | 500.. 420,00 |
| 15..12,60 | 45..37,80 | 75..63,00 | 600.. 504,00 |
| 16..13,44 | 46..38,64 | 76..63,84 | 700.. 588,00 |
| 17..14,28 | 47..39,48 | 77..64,68 | 800.. 672,00 |
| 18..15,12 | 48..40,32 | 78..65,52 | 900.. 756,00 |
| 19..15,96 | 49..41,16 | 79..66,36 | 1000.. 840,00 |
| 20..16,80 | 50..42,00 | 80..67,20 | 2000.. 1680,00 |
| 21..17,64 | 51..42,84 | 81..68,04 | 3000.. 2520,00 |
| 22..18,48 | 52..43,68 | 82..68,88 | 4000.. 3360,00 |
| 23..19,32 | 53..44,52 | 83..69,72 | 5000.. 4200,00 |
| 24..20,16 | 54..45,36 | 84..70,56 | 6000.. 5040,00 |
| 25..21,00 | 55..46,29 | 85..71,40 | 7000.. 5880,00 |
| 26..21,84 | 56..47,04 | 86..72,24 | 8000.. 6720,00 |
| 27..22,68 | 57..47,88 | 87..73,08 | 9000.. 7560,00 |
| 28..23,52 | 58..48,72 | 88..73,92 | 10000.. 8400,00 |
| 29..24,36 | 59..49,56 | 89..74,76 | 20000..16800,00 |
| 30..25,20 | 60..50,40 | 90..75,60 | 30000..25200,00 |

84 centimes par jour font par an 306 f. 60 c.

*A 85 centimes la chose.*

| val. f. c. | val. f. c. | val. f. c. | valent f. c. |
|---|---|---|---|
| 1.. 0,85 | 31..26,35 | 61..51,85 | 91.. 77,35 |
| 2.. 1,70 | 32..27,20 | 62..52,70 | 92.. 78,20 |
| 3.. 2,55 | 33..28,05 | 63..53,55 | 93.. 79,05 |
| 4.. 3,40 | 34..28,90 | 64..54,40 | 94.. 79,90 |
| 5.. 4,25 | 35..29,75 | 65..55,25 | 95.. 80,75 |
| 6.. 5,10 | 36..30,60 | 66..56,10 | 96.. 81,60 |
| 7.. 5,95 | 37..31,45 | 67..56,95 | 97.. 82,45 |
| 8.. 6,80 | 38..32,30 | 68..57,80 | 98.. 83,30 |
| 9.. 7,65 | 39..33,15 | 69..58,65 | 99.. 84,15 |
| 10.. 8,50 | 40..34,00 | 70..59,50 | 100.. 85,00 |
| 11.. 9,35 | 41..34,85 | 71..60,35 | 200.. 170,00 |
| 12..10,20 | 42..35,70 | 72..61,20 | 300.. 255,00 |
| 13..11,05 | 43..36,55 | 73..62,05 | 400.. 340,00 |
| 14..11,90 | 44..37,40 | 74..62,90 | 500.. 425,00 |
| 15..12,75 | 45..38,25 | 75..63,75 | 600.. 510,00 |
| 16..13,60 | 46..39,10 | 76..64,60 | 700.. 595,00 |
| 17..14,45 | 47..39,95 | 77..65,45 | 800.. 680,00 |
| 18..15,30 | 48..40,80 | 78..66,30 | 900.. 765,00 |
| 19..16,15 | 49..41,65 | 79..67,15 | 1000.. 850,00 |
| 20..17,00 | 50..42,50 | 80..68,00 | 2000.. 1700,00 |
| 21..17,85 | 51..43,35 | 81. 68,85 | 3000.. 2550,00 |
| 22..18,70 | 52..44,20 | 82..69,70 | 4000.. 3400,00 |
| 23..19,55 | 53..45,05 | 83..70,55 | 5000.. 4250,00 |
| 24..20,40 | 54..45,90 | 84..71,40 | 6000.. 5100,00 |
| 25..21,25 | 55..46,75 | 85..72,25 | 7000.. 5950,00 |
| 26..22,10 | 56..47,60 | 86..73,10 | 8000.. 6800,00 |
| 27..22,95 | 57..48,45 | 87..73,95 | 9000.. 7650,00 |
| 28..23,80 | 58..49,30 | 88..74,80 | 10000.. 8500,00 |
| 29..24,65 | 59..50,15 | 89..75,65 | 20000..17000,00 |
| 30..25,50 | 60..51,00 | 90..76,50 | 30000..25500,00 |

85 centimes par jour font par an . 310 f. 25 c.

*A 86 centimes la chose.*

| val. f. c. | val. f. c. | val. f. c. | valent | f. c. |
|---|---|---|---|---|
| 1.. 0,86 | 31..26,66 | 61..52,46 | 91.. | 78,26 |
| 2.. 1,72 | 32..27,52 | 62..53,32 | 92.. | 79,12 |
| 3.. 2,58 | 33..28,38 | 63..54,18 | 93.. | 79,98 |
| 4.. 3,44 | 34..29,24 | 64..55,04 | 94.. | 80,84 |
| 5.. 4,30 | 35..30,10 | 65..55,90 | 95.. | 81,70 |
| 6.. 5,16 | 36..30,96 | 66..56,76 | 96.. | 82,56 |
| 7.. 6,02 | 37..31,82 | 67..57,62 | 97.. | 83,42 |
| 8.. 6,88 | 38..32,68 | 68..58,48 | 98.. | 84,28 |
| 9.. 7,74 | 39..33,54 | 69..59,34 | 99.. | 85,14 |
| 10.. 8,60 | 40..34,40 | 70..60,20 | 100.. | 86,00 |
| 11.. 9,46 | 41..35,26 | 71..61,06 | 200.. | 172,00 |
| 12..10,32 | 42..36,12 | 72..61,92 | 300.. | 258,00 |
| 13..11,18 | 43..36,98 | 73..62,78 | 400.. | 344,00 |
| 14..12,04 | 44..37,84 | 74..63,64 | 500.. | 430,00 |
| 15..12,90 | 45..38,70 | 75..64,50 | 600.. | 516,00 |
| 16..13,76 | 46..39,56 | 76..65,36 | 700.. | 602,00 |
| 17..14,62 | 47..40,42 | 77..66,22 | 800.. | 688,00 |
| 18..15,48 | 48..41,28 | 78..67,08 | 900.. | 774,00 |
| 19..16,34 | 49..42,14 | 79..67,94 | 1000.. | 860,00 |
| 20..17,20 | 50..43,00 | 80..68,80 | 2000.. | 1720,00 |
| 21..18,06 | 51..43,86 | 81..69,66 | 3000.. | 2580,00 |
| 22..18,92 | 52..44,72 | 82..70,52 | 4000.. | 3440,00 |
| 23..19,78 | 53..45,58 | 83..71,38 | 5000.. | 4300,00 |
| 24..20,64 | 54..46,44 | 84..72,24 | 6000.. | 5160,00 |
| 25..21,50 | 55..47,30 | 85..73,10 | 7000.. | 6020,00 |
| 26..22,36 | 56..48,16 | 86..73,96 | 8000.. | 6880,00 |
| 27..23,22 | 57..49,02 | 87..74,82 | 9000.. | 7740,00 |
| 28..24,08 | 58..49,88 | 88..75,68 | 10000.. | 8600,00 |
| 29..24,94 | 59..50,74 | 89..76,54 | 20000..17200,00 | |
| 30..25,80 | 60..51,60 | 90..77,40 | 30000..25800,00 | |

86 centimes par jour font par an , 313 f. 90 c.

*A 87 centimes la chose.*

| val. f. c. | val. f. c. | val. f. c. | valent | f. c. |
|---|---|---|---|---|
| 1.. 0,87 | 31..26,97 | 61..53,07 | 91.. | 79,17 |
| 2.. 1,74 | 32..27,84 | 62..53,94 | 92.. | 80,04 |
| 3.. 2,61 | 33..28,71 | 63..54,81 | 93.. | 80,91 |
| 4.. 3,48 | 34..29,58 | 64..55,68 | 94.. | 81,78 |
| 5.. 4,35 | 35..30,45 | 65..56,55 | 95.. | 82,65 |
| 6.. 5,22 | 36..31,32 | 66..57,42 | 96.. | 83,52 |
| 7.. 6,09 | 37..32,19 | 67..58,29 | 97.. | 84,39 |
| 8.. 6,96 | 38..33,06 | 68..59,16 | 98.. | 85,26 |
| 9.. 7,83 | 39..33,93 | 69..60,03 | 99.. | 86,13 |
| 10.. 8,70 | 40..34,80 | 70..60,90 | 100.. | 87,00 |
| 11.. 9,57 | 41..35,67 | 71..61,77 | 200.. | 174,00 |
| 12..10,44 | 42..36,54 | 72..62,64 | 300.. | 261,00 |
| 13..11,31 | 43..37,41 | 73..63,51 | 400.. | 348,00 |
| 14..12,18 | 44..38,28 | 74..64,38 | 500.. | 435,00 |
| 15..13,05 | 45..39,15 | 75..65,25 | 600.. | 522,00 |
| 16..13,92 | 46..40,02 | 76..66,12 | 700.. | 609,00 |
| 17..14,79 | 47..40,89 | 77..66,99 | 800.. | 696,00 |
| 18..15,66 | 48..41,76 | 78..67,86 | 900.. | 783,00 |
| 19..16,53 | 49..42,63 | 79..68,73 | 1000.. | 870,00 |
| 20..17,40 | 50..43,50 | 80..69,60 | 2000.. | 1740,00 |
| 21..18,27 | 51..44,37 | 81..70,47 | 3000.. | 2610,00 |
| 22..19,14 | 52..45,24 | 82..71,34 | 4000.. | 3480,00 |
| 23..20,01 | 53..46,11 | 83..72,21 | 5000.. | 4350,00 |
| 24..20,88 | 54..46,98 | 84..73,08 | 6000.. | 5220,00 |
| 25..21,75 | 55..47,85 | 85..73,95 | 7000.. | 6090,00 |
| 26..22,62 | 56..48,72 | 86..74,82 | 8000.. | 6960,00 |
| 27..23,49 | 57..49,59 | 87..75,69 | 9000.. | 7830,00 |
| 28..24,36 | 58..50,46 | 88..76,56 | 10000.. | 8700,00 |
| 29..25,23 | 59..51,33 | 89..77,43 | 20000..17400,00 | |
| 30..26,10 | 60..52,20 | 90..78,30 | 30000..26100,00 | |

87 centimes par jour font par an 317 f. 55 c.

*A 88 centimes la chose.*

| val. f. c. | val. f. c. | val. f. c. | valent f. c. |
|---|---|---|---|
| 1.. 0,88 | 31..27,28 | 61..53,68 | 91.. 80,08 |
| 2.. 1,76 | 32..28,16 | 62..54,56 | 92.. 80,96 |
| 3.. 2,64 | 33..29,04 | 63..55,44 | 93.. 81,84 |
| 4.. 3,52 | 34..29,92 | 64..56,32 | 94.. 82,72 |
| 5.. 4,40 | 35..30,80 | 65..57,20 | 95.. 83,60 |
| 6.. 5,28 | 36..31,68 | 66..58,08 | 96.. 84,48 |
| 7.. 6,16 | 37..32,56 | 67..58,96 | 97.. 85,36 |
| 8.. 7,04 | 38..33,44 | 68..59,84 | 98.. 86,24 |
| 9.. 7,92 | 39..34,32 | 69..60,72 | 99.. 87,12 |
| 10.. 8,80 | 40..35,20 | 70..61,60 | 100.. 88,00 |
| 11.. 9,68 | 41..36,08 | 71..62,48 | 200.. 176,00 |
| 12..10,56 | 42..36,96 | 72..63,36 | 300.. 264,00 |
| 13..11,44 | 43..37,84 | 73..64,24 | 400.. 352,00 |
| 14..12,32 | 44..38,72 | 74..65,12 | 500.. 440,00 |
| 15..13,20 | 45..39,60 | 75..66,00 | 600.. 528,00 |
| 16..14,08 | 46..40,48 | 76..66,88 | 700.. 616,00 |
| 17..14,96 | 47..41,36 | 77..67,76 | 800.. 704,00 |
| 18..15,84 | 48..42,24 | 78..68,64 | 900.. 792,00 |
| 19..16,72 | 49..43,12 | 79..69,52 | 1000.. 880,00 |
| 20..17,60 | 50..44,00 | 80..70,40 | 2000.. 1760,00 |
| 21..18,48 | 51..44,88 | 81..71,28 | 3000.. 2640,00 |
| 22..19,36 | 52..45,76 | 82..72,16 | 4000.. 3520,00 |
| 23..20,24 | 53..46,64 | 83..73,04 | 5000.. 4400,00 |
| 24..21,12 | 54..47,52 | 84..73,92 | 6000.. 5280,00 |
| 25..22,00 | 55..48,40 | 85..74,80 | 7000.. 6160,00 |
| 26..22,88 | 56..49,28 | 86..75,68 | 8000.. 7040,00 |
| 27..23,76 | 57..50,16 | 87..76,56 | 9000.. 7920,00 |
| 28..24,64 | 58..51,04 | 88..77,44 | 10000.. 8800,00 |
| 29..25,52 | 59..51,92 | 89..78,32 | 20000..17600,00 |
| 30..26,40 | 60..52,80 | 90..79,20 | 30000..26400,00 |

88 centimes par jour font par an 321 f. 20 c.

*A 89 centimes la chose.*

| val. f. c. | val. f. c. | val. f. c. | valent f. c. |
|---|---|---|---|
| 1.. 0,89 | 31..27,59 | 61..54,29 | 91.. 80,99 |
| 2.. 1,78 | 32..28,48 | 62..55,18 | 92.. 81,88 |
| 3.. 2,67 | 33..29,37 | 63..56,07 | 93.. 82,77 |
| 4.. 3,56 | 34..30,26 | 64..56,96 | 94.. 83,66 |
| 5.. 4,45 | 35..31,15 | 65..57,85 | 95.. 84,55 |
| 6.. 5,34 | 36..32,04 | 66..58,74 | 96.. 85,44 |
| 7.. 6,23 | 37..32,93 | 67..59,63 | 97.. 86,33 |
| 8.. 7,12 | 38..33,82 | 68..60,52 | 98.. 87,22 |
| 9.. 8,01 | 39..34,71 | 69..61,41 | 99.. 88,11 |
| 10.. 8,90 | 40..35,60 | 70..62,30 | 100.. 89,00 |
| 11.. 9,79 | 41..36,49 | 71..63,19 | 200.. 178,00 |
| 12..10,68 | 42..37,38 | 72..64,08 | 300.. 267,00 |
| 13..11,57 | 43..38,27 | 73..64,97 | 400.. 356,00 |
| 14..12,46 | 44..39,16 | 74..65,86 | 500.. 445,00 |
| 15..13,35 | 45..40,05 | 75..66,75 | 600.. 534,00 |
| 16..14,24 | 46..40,94 | 76..67,64 | 700.. 623,00 |
| 17..15,13 | 47..41,83 | 77..68,53 | 800.. 712,00 |
| 18..16,02 | 48..42,72 | 78..69,42 | 900.. 801,00 |
| 19..16,91 | 49..43,61 | 79..70,31 | 1000.. 890,00 |
| 20..17,80 | 50..44,50 | 80..71,20 | 2000.. 1780,00 |
| 21..18,69 | 51..45,39 | 81..72,09 | 3000.. 2670,00 |
| 22..19,58 | 52..46,28 | 82..72,98 | 4000.. 3560,00 |
| 23..20,47 | 53..47,17 | 83..73,87 | 5000.. 4450,00 |
| 24..21,36 | 54..48,06 | 84..74,76 | 6000.. 5340,00 |
| 25..22,25 | 55..48,95 | 85..75,65 | 7000.. 6230,00 |
| 26..23,14 | 56..49,84 | 86..76,54 | 8000.. 7120,00 |
| 27..24,03 | 57..50,73 | 87..77,43 | 9000.. 8010,00 |
| 28..24,92 | 58..51,62 | 88..78,32 | 10000.. 8900,00 |
| 29..25,81 | 59..52,51 | 89..79,21 | 20000..17800,00 |
| 30..26,70 | 60..53,40 | 90..80,10 | 30000..26700,00 |

89 centimes par jour font par an 324 f. 85 c.

*A 90 centimes la chose.*

| val. f. c. | val. f. c. | val. f. c. | valent f. c. |
|---|---|---|---|
| 1.. 0,90 | 31..27,90 | 61..54,90 | 91.. 81,90 |
| 2.. 1,80 | 32..28,80 | 62..55,80 | 92.. 82,80 |
| 3.. 2,70 | 33..29,70 | 63..56,70 | 93.. 83,70 |
| 4.. 3,60 | 34..30,60 | 64..57,60 | 94.. 84,60 |
| 5.. 4,50 | 35..31,50 | 65..58,50 | 95.. 85,50 |
| 6.. 5,40 | 36..32,40 | 66..59,40 | 96.. 86,40 |
| 7.. 6,30 | 37..33,30 | 67..60,30 | 97.. 87,30 |
| 8.. 7,20 | 38..34,20 | 68..61,20 | 98.. 88,20 |
| 9.. 8,10 | 39..35,10 | 69..62,10 | 99.. 89,10 |
| 10.. 9,00 | 40..36,00 | 70..63,00 | 100.. 90,00 |
| 11.. 9,90 | 41..36,90 | 71..63,90 | 200.. 180,00 |
| 12..10,80 | 42..37,80 | 72..64,80 | 300.. 270,00 |
| 13..11,70 | 43..38,70 | 73..65,70 | 400.. 360,00 |
| 14..12,60 | 44..39,60 | 74..66,60 | 500.. 450,00 |
| 15..13,50 | 45..40,50 | 75..67,50 | 600.. 540,00 |
| 16..14,40 | 46..41,40 | 76..68,40 | 700.. 630,00 |
| 17..15,30 | 47..42,30 | 77..69,30 | 800.. 720,00 |
| 18..16,20 | 48..43,20 | 78..70,20 | 900.. 810,00 |
| 19..17,10 | 49..44,10 | 79..71,10 | 1000.. 900,00 |
| 20..18,00 | 50..45,00 | 80..72,00 | 2000.. 1800,00 |
| 21..18,90 | 51..45,90 | 81..72,90 | 3000.. 2700,00 |
| 22..19,80 | 52..46,80 | 82..73,80 | 4000.. 3600,00 |
| 23..20,70 | 53..47,70 | 83..74,70 | 5000.. 4500,00 |
| 24..21,60 | 54..48,60 | 84..75,60 | 6000.. 5400,00 |
| 25..22,50 | 55..49,50 | 85..76,50 | 7000.. 6300,00 |
| 26..23,40 | 56..50,40 | 86..77,40 | 8000.. 7200,00 |
| 27..24,30 | 57..51,30 | 87..78,30 | 9000.. 8100,00 |
| 28..25,20 | 58..52,20 | 88..79,20 | 10000.. 9000,00 |
| 29..26,10 | 59..53,10 | 89..80,10 | 20000..18000,00 |
| 30..27,00 | 60..54,00 | 90..81,00 | 30000..27000,00 |

90 centimes par jour font par an 328 f. 50 c.

(  185  )

*A 91 centimes la chose.*

| val. f.c. | val. f.c. | val. f.c. | valent f.c. |
|---|---|---|---|
| 1.. 0,91 | 31..28,21 | 61..55,51 | 91.. 82,81 |
| 2.. 1,82 | 32..29,12 | 62..56,42 | 92.. 83,72 |
| 3.. 2,73 | 33..30,03 | 63..57,33 | 93.. 84.63 |
| 4.. 3,64 | 34..30,94 | 64..58,24 | 94.. 85,54 |
| 5.. 4,55 | 35..31,85 | 65..59,15 | 95.. 86,45 |
| 6.. 5,46 | 36..32,76 | 66..60,06 | 96.. 87,36 |
| 7.. 6,37 | 37..33,67 | 67..60,97 | 97.. 88,27 |
| 8.. 7,28 | 38..34,58 | 68..61,88 | 98.. 89,18 |
| 9.. 8,19 | 39..35,49 | 69..62,79 | 99.. 90,09 |
| 10.. 9,10 | 40..36,40 | 70..63,70 | 100.. 91,00 |
| 11..10,01 | 41..37,31 | 71..64,61 | 200.. 182,00 |
| 12..10,92 | 42..38,22 | 72..65,52 | 300.. 273,00 |
| 13..11,83 | 43..39,13 | 73..66,43 | 400.. 364,00 |
| 14..12,74 | 44..40,04 | 74..67,34 | 500.. 455,00 |
| 15..13.65 | 45..40,95 | 75..68,25 | 600.. 546,00 |
| 16..14,56 | 46..41,86 | 76..69,16 | 700.. 637,00 |
| 17..15,47 | 47..42,77 | 77..70,07 | 800.. 728,00 |
| 18..16,38 | 48..43,68 | 78..70,98 | 900.. 819,00 |
| 19..17,29 | 49..44,59 | 79..71,89 | 1000.. 910,00 |
| 20..18,20 | 50..45,50 | 80..72,80 | 2000.. 1820,00 |
| 21..19,11 | 51..46,41 | 81..73,71 | 3000.. 2730,00 |
| 22..20,02 | 52..47,32 | 82..74,62 | 4000.. 3640,00 |
| 23..20,93 | 53..48,23 | 83..75,53 | 5000.. 4550,00 |
| 24..21,84 | 54..49,14 | 84..76,44 | 6000.. 5460,00 |
| 25..22,75 | 55..50,05 | 85..77,35 | 7000.. 6370,00 |
| 26..23,66 | 56..50,96 | 86..78,26 | 8000.. 7280,00 |
| 27..24,57 | 57..51,87 | 87..79,17 | 9000.. 8190,00 |
| 28..25,48 | 58..52,78 | 88..80,08 | 10000.. 9100,00 |
| 29..26,39 | 59..53,69 | 89..80,99 | 20000..18200,00 |
| 30..27,30 | 60..54,60 | 90..81,90 | 30000..27300,00 |

91 centimes par jour font par an 302 f. 15c.

*A 92 centimes la chose.*

| val. f. c. | val. f. c. | val. f. c. | valent f. c. |
|---|---|---|---|
| 1.. 0,92 | 31..28,52 | 61..56,12 | 91.. 83,72 |
| 2.. 1,84 | 32..29,44 | 62..57,04 | 92.. 84,64 |
| 3.. 2,76 | 33..30,36 | 63..57,96 | 93.. 85,56 |
| 4.. 3,68 | 34..31,28 | 64..58,88 | 94.. 86,48 |
| 5.. 4,60 | 35..32,20 | 65..59,80 | 95.. 87,40 |
| 6.. 5,52 | 36..33,12 | 66..60,72 | 96.. 88,32 |
| 7.. 6,44 | 37..34,04 | 67..61,64 | 97.. 89,24 |
| 8.. 7,36 | 38..34,96 | 68..62,56 | 98.. 90,16 |
| 9.. 8,28 | 39..35,88 | 69..63,48 | 99.. 91,08 |
| 10.. 9,20 | 40..36,80 | 70..64,40 | 100.. 92,00 |
| 11..10,12 | 41..37,72 | 71..65,32 | 200.. 184,00 |
| 12..11,04 | 42..38,64 | 72..66,24 | 300.. 276,00 |
| 13..11,96 | 43..39,56 | 73..67,16 | 400.. 368,00 |
| 14..12,88 | 44..40,48 | 74..68,08 | 500.. 460,00 |
| 15..13,80 | 45..41,40 | 75..69,00 | 600.. 552,00 |
| 16..14,72 | 49..42,32 | 76..69,92 | 700.. 644,00 |
| 17..15,64 | 47..43,24 | 77..70,84 | 800.. 736,00 |
| 18..16,56 | 48..44,16 | 78..71,76 | 900.. 828,00 |
| 19..17,48 | 49..45,08 | 79..72,68 | 1000.. 920,00 |
| 20..18,40 | 50..46,00 | 80..73,60 | 2000.. 1840,00 |
| 21..19,32 | 51..46,92 | 81..74,52 | 3000.. 2760,00 |
| 22..20,24 | 52..47,84 | 82..75,44 | 4000.. 3680,00 |
| 23..21,16 | 53..48,76 | 83..76,36 | 5000.. 4600,00 |
| 24..22,08 | 54..49,68 | 84..77,28 | 6000.. 5520,00 |
| 25..23,00 | 55..50,60 | 85..78,20 | 7000.. 6440,00 |
| 26..23,92 | 56..51,52 | 86..79,12 | 8000.. 7360,00 |
| 27..24,84 | 57..52,44 | 87..80,04 | 9000.. 8280,00 |
| 28..25,76 | 58..53,36 | 88..80,96 | 10000.. 9200,00 |
| 29..26,68 | 59..54,28 | 89..81,88 | 20000..18400,00 |
| 30..27,60 | 60..55,20 | 90..82,80 | 30000..27600,00 |

92 centimes par jour font par an , 335 f. 80 c.

*A 93 centimes la chose.*

| val. f. c. | val. f. c. | val. f. c. | valent f. c. |
|---|---|---|---|
| 1.. 0,93 | 31..28,83 | 61..56,73 | 91.. 84,63 |
| 2.. 1,86 | 32..29,76 | 62..57,66 | 92.. 85,56 |
| 3.. 2,79 | 33..30,69 | 63..58,59 | 93.. 86,49 |
| 4.. 3,72 | 34..31,62 | 64..59,52 | 94.. 87,42 |
| 5.. 4,65 | 35..32,55 | 65..60,45 | 95.. 88,35 |
| 6.. 5,58 | 36..33,48 | 66..61,38 | 96.. 89,28 |
| 7.. 6,51 | 37..34,41 | 67..62,31 | 97.. 90,21 |
| 8.. 7,44 | 38..35,34 | 68..63,24 | 98.. 91,14 |
| 9.. 8,37 | 39..36,27 | 69..64,17 | 99.. 92,07 |
| 10.. 9,30 | 40..37,20 | 70..65,10 | 100.. 93,00 |
| 11..10,23 | 41..38,13 | 71..66,03 | 200.. 186,00 |
| 12..11,16 | 42..39,06 | 72..66,96 | 300.. 279,00 |
| 13..12,09 | 43..39,99 | 73..67,89 | 400.. 372,00 |
| 14..13,02 | 44..40,92 | 74..68,82 | 500.. 465,00 |
| 15..13,95 | 45..41,85 | 75..69,75 | 600.. 558,00 |
| 16..14,88 | 46..42,78 | 76..70,68 | 700.. 651,00 |
| 17..15,81 | 47..43,71 | 77..71,61 | 800.. 744,00 |
| 18..16,74 | 48..44,64 | 78..72,54 | 900.. 837,00 |
| 19..17,67 | 49..45,57 | 79..73,47 | 1000.. 930,00 |
| 20..18,60 | 50..46,50 | 80..74,40 | 2000.. 1860,00 |
| 21..19,53 | 51..47,43 | 81..75,33 | 3000.. 2790,00 |
| 22..20,46 | 52..48,36 | 82..76,26 | 4000.. 3720,00 |
| 23..21,39 | 53..49,29 | 83..77,19 | 5000.. 4650,00 |
| 24..22,32 | 54..50,22 | 84..78,12 | 6000.. 5580,00 |
| 25..23,25 | 55..51,15 | 85..79,05 | 7000.. 6510,00 |
| 26..24,18 | 56..52,08 | 86..79,98 | 8000.. 7440,00 |
| 27..25,11 | 57..53,01 | 87..80,91 | 9000.. 8370,00 |
| 28..26,04 | 58..53,94 | 88..81,84 | 10000.. 9300,00 |
| 29..26,97 | 59..54,87 | 89..82,77 | 20000..18600,00 |
| 30..27,90 | 60..55,80 | 90..83,70 | 30000..27900,00 |

93 centimes par jour font par an 339 f. 45 c.

*A 94 centimes la chose.*

| val. f. c. | val. f. c. | val. f. c. | valent f. c. |
|---|---|---|---|
| 1.. 0,94 | 31..29,14 | 61..57,34 | 91.. 85,54 |
| 2.. 1,88 | 32..30,08 | 62..58,28 | 92.. 86,48 |
| 3.. 2,82 | 33..31,02 | 63..59,22 | 93.. 87,42 |
| 4.. 3,76 | 34..31,96 | 64..60,16 | 94.. 88,36 |
| 5.. 4,70 | 35..32,90 | 65..61,10 | 95.. 89,30 |
| 6.. 5,64 | 36..33,84 | 66..62,04 | 96. 90,24 |
| 7.. 6,58 | 37..34,78 | 67..62,98 | 97.. 91,18 |
| 8.. 7,52 | 38..35,72 | 68..63,92 | 98.. 92,12 |
| 9.. 8,46 | 39..36,66 | 69..64,86 | 99.. 93,06 |
| 10.. 9,40 | 40..37,60 | 70..65,80 | 100.. 94,00 |
| 11..10,34 | 41..38,54 | 71..66,74 | 200.. 188,00 |
| 12..11,28 | 42..39,48 | 72..67,68 | 300.. 282,00 |
| 13..12,22 | 43..40,42 | 73..68,62 | 400.. 376,00 |
| 14..13,16 | 44..41,36 | 74..69,56 | 500.. 470,00 |
| 15..14,10 | 45..42,30 | 75..70,50 | 600.. 564,00 |
| 16..15,04 | 46..43,24 | 76..71,44 | 700.. 658,00 |
| 17..15,98 | 47..44,18 | 77..72,38 | 800.. 752,00 |
| 18..16,92 | 48..45,12 | 78..73,32 | 900.. 846,00 |
| 19..17,86 | 49..46,06 | 79..74,26 | 1000.. 940,00 |
| 20..18,80 | 50..47,00 | 80..75,20 | 2000.. 1880,00 |
| 21..19,74 | 51..47,94 | 81..76,14 | 3000.. 2820,00 |
| 22..20,68 | 52..48,88 | 82..77,08 | 4000.. 3760,00 |
| 23..21,62 | 53..49,82 | 83..78,02 | 5000.. 4700,00 |
| 24..22,56 | 54..50,76 | 84..78,96 | 6000.. 5640,00 |
| 25..23,50 | 55..51,70 | 85..79,90 | 7000.. 6580,00 |
| 26..24,44 | 56..52,64 | 86..80,84 | 8000.. 7520,00 |
| 27..25,38 | 57..53,58 | 87..81,78 | 9000.. 8460,00 |
| 28..26,32 | 58..54,52 | 88..82,72 | 10000.. 9400,00 |
| 29..27,26 | 59..55,46 | 89..83,66 | 20000..18800,00 |
| 30..28,20 | 60..56,40 | 90..84,60 | 30000..28200,00 |

94 centimes par jour font par an, 343 f. 10 c.

*A* 95 *centimes la chose.*

| val. f. c. | val. f. c. | val. f. c. | valent f. c. |
|---|---|---|---|
| 1.. 0,95 | 31..29,45 | 61..57,95 | 91.. 86,45 |
| 2.. 1,90 | 32..30,40 | 62..58,90 | 92.. 87,40 |
| 3.. 2,85 | 33..31,35 | 63..59,85 | 93.. 88,35 |
| 4.. 3,80 | 34..32,30 | 64..60,80 | 94.. 89,30 |
| 5.. 4,75 | 35..33,25 | 65..61,75 | 95.. 90,25 |
| 6.. 5,70 | 36..34,20 | 66..62,70 | 96.. 91,20 |
| 7.. 6,65 | 37..35,15 | 67..63,65 | 97.. 92,15 |
| 8.. 7,60 | 38..36,10 | 68..64,60 | 98.. 93,10 |
| 9.. 8,55 | 39..37,05 | 69. 65,55 | 99.. 94,05 |
| 10.. 9,50 | 40..38,00 | 70..66,50 | 100.. 95,00 |
| 11..10,45 | 41..38,95 | 71..67,45 | 200.. 190,00 |
| 12..11,40 | 42..39,90 | 72..68,40 | 300.. 285,00 |
| 13..12,35 | 43..40,85 | 73..69,35 | 400.. 380,00 |
| 14..13,30 | 44..41,80 | 74..70,30 | 500.. 475,00 |
| 15..14,25 | 45..42,75 | 75..71,25 | 600.. 570,00 |
| 16..15,20 | 46..43,70 | 76..72,20 | 700.. 665,00 |
| 17..16,15 | 47..44,65 | 77..73,15 | 800.. 760,00 |
| 18..17,10 | 48..45,60 | 78..74,10 | 900.. 855,00 |
| 19..18,05 | 49..46,55 | 79..75,05 | 1000.. 950,00 |
| 20..19,00 | 50..47,50 | 80..76,00 | 2000.. 1900,00 |
| 21..19,95 | 51..48,45 | 81..76,95 | 3000.. 2850,00 |
| 22..20,90 | 52..49,40 | 82..77,90 | 4000.. 3800,00 |
| 23..21,85 | 53..50,35 | 83..78,85 | 5000.. 4750,00 |
| 24..22,80 | 54..51,30 | 84..79,80 | 6000.. 5700,00 |
| 25..23,75 | 55..52,25 | 85..80,75 | 7000.. 6650,00 |
| 26..24,70 | 56..53,20 | 86..81,70 | 8000.. 7600,00 |
| 27..25,65 | 57..54,15 | 87..82,65 | 9000.. 8550,00 |
| 28..26,60 | 58..55,10 | 88..83,60 | 10000.. 9500,00 |
| 29..27,55 | 59..56,05 | 89..84,55 | 20000..19000,00 |
| 30..28,50 | 60..57,00 | 90..85,50 | 30000..28500,00 |

95 centimes par jour font par an , 346 f. 75 c.

Q

*A 96 centimes la chose.*

| val. f. c. | val. f. c. | val. f. c. | valent | f. c. |
|---|---|---|---|---|
| 1.. 0,96 | 31..29,76 | 61..58,56 | 91.. | 87,36 |
| 2.. 1,92 | 32..30,72 | 62..59,52 | 92.. | 88,32 |
| 3.. 2,88 | 33..31,68 | 63..60,48 | 93.. | 89,28 |
| 4.. 3,84 | 34..32,64 | 64..61,44 | 94.. | 90,24 |
| 5.. 4,80 | 35..33,60 | 65..62,40 | 95.. | 91,20 |
| 6.. 5,76 | 36..34,56 | 66..63,36 | 96.. | 92,16 |
| 7.. 6,72 | 36..35,52 | 67..64,32 | 97.. | 93,12 |
| 8.. 7,68 | 38..36,48 | 68..65,28 | 98.. | 94,08 |
| 9.. 8,64 | 39..37,44 | 69..66,24 | 99.. | 95,04 |
| 10.. 9,60 | 40..38,40 | 70..67,20 | 100.. | 96,00 |
| 11..10,56 | 41..39,36 | 71..68,16 | 200.. | 192,00 |
| 12..11,52 | 42..40,32 | 72..69,12 | 300.. | 288,00 |
| 13..12,48 | 43..41,28 | 73..70,08 | 400.. | 384,00 |
| 14..13,44 | 44..42,24 | 74..71,04 | 500.. | 480,00 |
| 15..14,40 | 45..43,20 | 75..72,00 | 600.. | 576,00 |
| 16..15,36 | 46..44,16 | 76..72,96 | 700.. | 672,00 |
| 17..16,32 | 47..45,12 | 77..73,92 | 800.. | 768,00 |
| 18..17,28 | 48..46,08 | 78..74,88 | 900.. | 864,00 |
| 19..18,24 | 49..47,04 | 79..75,84 | 1000.. | 960,00 |
| 20..19,20 | 50..48,00 | 80..76,80 | 2000.. | 1920,00 |
| 21..20,16 | 51..48,96 | 81..77,76 | 3000.. | 2880,00 |
| 22..21,12 | 52..49,92 | 82..78,72 | 4000.. | 3840,00 |
| 23..22,08 | 53..50,88 | 83..79,68 | 5000.. | 4800,00 |
| 24..23,04 | 54..51,84 | 84..80,64 | 6000.. | 5760,00 |
| 25..24,00 | 55..52,80 | 85..81,60 | 7000.. | 6720,00 |
| 25..24,95 | 56..53,76 | 86..82,56 | 8000.. | 7680,00 |
| 27..25,92 | 57..54,72 | 87..83,52 | 9000.. | 8640,00 |
| 28..26,88 | 58..55,68 | 88..84,48 | 10000.. | 9600,00 |
| 29..27,84 | 59..56,64 | 89..85,44 | 20000..19200,00 | |
| 30..28,80 | 60..57,60 | 90..86,40 | 30000..28800,00 | |

96 centimes par jour font par an, 350 f. 40 c.

*A 97 centimes la chose.*

| val. f. c. | val. f. c. | val. f. c. | valent f. c. |
|---|---|---|---|
| 1.. 0,97 | 31..30,07 | 61..59,17 | 91.. 88,27 |
| 2.. 1,94 | 32..31,04 | 62..60,14 | 92.. 89,24 |
| 3.. 2,91 | 33..32,01 | 63..61,11 | 93.. 90,21 |
| 4.. 3,88 | 34..32,98 | 64..62,08 | 94.. 91,18 |
| 5.. 4,85 | 35..33,95 | 65..63,05 | 95.. 92,15 |
| 6.. 5,82 | 36..34,92 | 66..64,02 | 96.. 93,12 |
| 7.. 6,79 | 37..35,89 | 67..64,99 | 97.. 94,09 |
| 8.. 7,76 | 38..36,86 | 68..65,96 | 98.. 95,06 |
| 9.. 8,73 | 39..37,83 | 69..66,93 | 99.. 96,03 |
| 10.. 9,70 | 40..38,80 | 70..67,90 | 100.. 97,00 |
| 11..10,67 | 41..39,77 | 71..68,87 | 200.. 194,00 |
| 12..11,64 | 42..40,74 | 72..69,84 | 300.. 291,00 |
| 13..12,61 | 43..41,71 | 73..70,81 | 400.. 388,00 |
| 14..13,58 | 44..42,68 | 74..71,78 | 500.. 485,00 |
| 15..14,55 | 45..43,65 | 75..72,75 | 600.. 582,00 |
| 16..15,52 | 46..44,62 | 76..73,72 | 700.. 679,00 |
| 17..16,49 | 47..45,59 | 77..74,69 | 800.. 776,00 |
| 18..17,46 | 48..46,56 | 78..75,66 | 900.. 873,00 |
| 19..18,43 | 49..47,53 | 79..76,63 | 1000.. 970,00 |
| 20..19,40 | 50..48,50 | 80..77,60 | 2000.. 1940,00 |
| 21..20,37 | 51..49,47 | 81..78,57 | 3000.. 2910,00 |
| 22..21,34 | 52..50,44 | 82..79,54 | 4000.. 3880,00 |
| 23..22,31 | 53..51,41 | 83..86,51 | 5000.. 4850,00 |
| 24..23,28 | 54..52,38 | 84..81,48 | 6000.. 5820,00 |
| 25..24,25 | 55..53,35 | 85..82,45 | 7000.. 6790,00 |
| 26..25,22 | 56..54,32 | 86..83,42 | 8000.. 7760,00 |
| 27..26,19 | 57..55,29 | 87..84,39 | 9000.. 8730,00 |
| 28..27,16 | 58..56,26 | 88..85,36 | 10000.. 9700,00 |
| 29..28,13 | 59..57,23 | 89..86,33 | 20000..19400,00 |
| 30..29,10 | 60..58,20 | 90..87,30 | 30000..29100,00 |

**97 centimes par jour font par an 354 f. 05 c.**

Q 2

*A 98 centimes la chose.*

| val. | f. c. | val. | f. c. | val. | f. c. | valent | f. c. |
|---|---|---|---|---|---|---|---|
| 1.. | 0,98 | 31.. | 30,38 | 61.. | 59,78 | 91.. | 89,18 |
| 2.. | 1,96 | 32.. | 31,36 | 62.. | 60,76 | 92.. | 90,16 |
| 3.. | 2,94 | 33.. | 32,34 | 63.. | 61,74 | 93.. | 91,14 |
| 4.. | 3,92 | 34.. | 33,32 | 64.. | 62,72 | 94.. | 92,12 |
| 5.. | 4,90 | 35.. | 34,30 | 65.. | 63,70 | 95.. | 93,10 |
| 6.. | 5,88 | 36.. | 35,28 | 66.. | 64,68 | 96.. | 94,08 |
| 7.. | 6,86 | 37.. | 36,26 | 67.. | 65,66 | 97.. | 95,06 |
| 8.. | 7,84 | 38.. | 37,24 | 68.. | 66,64 | 98.. | 96,04 |
| 9.. | 8,82 | 39.. | 38,22 | 69.. | 67,62 | 99.. | 97,02 |
| 10.. | 9,80 | 40.. | 39,20 | 70.. | 68,60 | 100.. | 98,00 |
| 11.. | 10,78 | 41.. | 40,18 | 71.. | 69,58 | 200.. | 196,00 |
| 12.. | 11,76 | 42.. | 41,16 | 72.. | 70,56 | 300.. | 294,00 |
| 13.. | 12,74 | 43.. | 42,14 | 73.. | 71,54 | 400.. | 392,00 |
| 14.. | 13,72 | 44.. | 43,12 | 74.. | 72,52 | 500.. | 490,00 |
| 15.. | 14,70 | 45.. | 44,10 | 75.. | 73,50 | 600.. | 588,00 |
| 16.. | 15,68 | 46.. | 45,08 | 76.. | 74,48 | 700.. | 686,00 |
| 17.. | 16,66 | 47.. | 46,06 | 77.. | 75,46 | 800.. | 784,00 |
| 18.. | 17,64 | 48.. | 47,04 | 78.. | 76,44 | 900.. | 882,00 |
| 19.. | 18,62 | 49.. | 48,02 | 79.. | 77,42 | 1000.. | 980,00 |
| 20.. | 19,60 | 50.. | 49,00 | 80.. | 78,40 | 2000.. | 1960,00 |
| 21.. | 20,58 | 51.. | 49,98 | 81.. | 79,38 | 3000.. | 2940,00 |
| 22.. | 21,56 | 52.. | 50,96 | 82.. | 80,36 | 4000.. | 3920,00 |
| 23.. | 22,54 | 53.. | 51,94 | 83.. | 81,34 | 5000.. | 4900,00 |
| 24.. | 23,52 | 54.. | 52,92 | 84.. | 82,32 | 6000.. | 5880,00 |
| 25.. | 24,50 | 55.. | 53,90 | 85.. | 83,30 | 7000.. | 6860,00 |
| 26.. | 25,48 | 56.. | 54,88 | 86.. | 84,28 | 8000.. | 7840,00 |
| 27.. | 26,46 | 57.. | 55,86 | 87.. | 85,26 | 9000.. | 8820,00 |
| 28.. | 27,44 | 58.. | 56,84 | 88.. | 86,24 | 10000.. | 9800,00 |
| 29.. | 28,42 | 59.. | 57,82 | 89.. | 87,22 | 20000.. | 19600,00 |
| 30.. | 29,40 | 60.. | 58,80 | 90.. | 88,20 | 30000.. | 29400,00 |

98 centimes par jour font par an 357 f. 70 c.

*A 99 centimes la chose.*

| val. f. c. | val. f. c. | val. f. c. | valent f. c. |
|---|---|---|---|
| 1.. 0,99 | 31..30,69 | 61..60,39 | 91.. 90,09 |
| 2.. 1,98 | 32..31,68 | 62..61,38 | 92.. 91,08 |
| 3.. 2 97 | 33..32,67 | 63..62,37 | 93.. 92,07 |
| 4.. 3,96 | 34..33,66 | 64..63,36 | 94.. 93,06 |
| 5.. 4,95 | 35..34,65 | 65..64,35 | 95.. 94,05 |
| 6.. 5,94 | 36..35,64 | 66..65,34 | 96.. 95,04 |
| 7.. 6,93 | 37..36,63 | 67..66,33 | 97.. 96,03 |
| 8.. 7,92 | 38..37,62 | 68..67,32 | 98.. 97,02 |
| 9.. 8,91 | 39..38,61 | 69..68,31 | 99.. 98,01 |
| 10.. 9,90 | 40..39,60 | 70..69,30 | 100.. 99,00 |
| 11..10,89 | 41..40,59 | 71..70,29 | 200.. 198,00 |
| 12..11,88 | 42..41,58 | 72..71,28 | 300.. 297,00 |
| 13..12,87 | 43..42,57 | 73..72,27 | 400.. 396,00 |
| 14..13,86 | 44..43,56 | 74..73,26 | 500.. 495,00 |
| 15..14,85 | 45..44,55 | 75..74,25 | 600.. 594,00 |
| 16..15,84 | 46..45,54 | 76..75,24 | 700.. 693,00 |
| 17..16,83 | 47..46,53 | 77..76,23 | 800.. 792,00 |
| 18..17,82 | 48..47,52 | 78..77,22 | 900.. 891,00 |
| 19..18,81 | 49..48,51 | 79..78,21 | 1000.. 990,00 |
| 20..19,80 | 50..49,50 | 80..79,20 | 2000.. 1980,00 |
| 21..20,79 | 51..50,49 | 81..80,19 | 3000.. 2970,00 |
| 22..21,78 | 52..51,48 | 82..81,18 | 4000.. 3960,00 |
| 23..22,77 | 53..52,47 | 83..82,17 | 5000.. 4950,00 |
| 24..23,76 | 54..53 46 | 84..83,16 | 6000.. 5940,00 |
| 25..24,75 | 55..54,45 | 85..84,15 | 7000.. 6930,00 |
| 26..25,74 | 56..55,44 | 86..85,14 | 8000.. 7920,00 |
| 27..26,73 | 57..56,43 | 87..86,13 | 9000.. 8910,00 |
| 28..27,72 | 58..57,42 | 88..87,12 | 10000.. 9900,00 |
| 29..28,71 | 59..58,41 | 89..88,11 | 20000..19800,00 |
| 30..29,70 | 60..59,40 | 90..89,10 | 30000..29700,00 |

99 centimes par jour font par an, 361 f. 35 c.

## ERRATA.

| pages. | lignes | colonnes. | fautes. | corrections. |
|---|---|---|---|---|
| 15 | 18 | | Centiaire | Centiare. |
| 20 | 7 | | 37936.9 | 37836.9 |
| 27 | 14 | 3 | 2,045 | 3,045 |
| 31 | 3 | 4 | 22,600 | 22,680 |
| 37 | 23 | 1 | 14,929 | 13,929 |
| 48 | 5 | 1 | 93,733 | 93,783 |
| 50 | 12 | 1 | 0,611 | 0,711 |
| 91 | 16 | 2 | 0,083 | 0,683 |
| 95 | 1 | 1 | 0,02 | 0,01 |
| 101 | 29 | 3 | 6,43 | 6,23 |
| 103 | 12 | 1 | 0,08 | 1,08 |
| 105 | 1 | 3 | 9,71 | 6,71 |
| 122 | 21 | 1 | 6,88 | 5,88 |
| 125 | 14 | 3 | 23,94 | 22,94 |
| 139 | 29 | 3 | 30,05 | 40,05 |
| ibid. | 30 | 3 | 30,50 | 40,50 |
| 166 | 13 | 2 | 31,96 | 30,96 |

# TABLE DES MATIÈRES.

Fin de la table des Matières.

# LE POINT DU JOUR,

## OU

RÉSULTAT DE CE QUI S'EST PASSÉ LA VEILLE
À L'ASSEMBLÉE NATIONALE.

# N° 433.

*Du Samedi 18 Septembre 1790.*

## Séance de jeudi soir.

PARMI les adresses dont on a fait lecture, on a distingué celle des habitans du fauxbourg Saint-Antoine, qui se plaignent vivement de ce qu'on les accuse avec aussi peu de raison que de vérité de chercher à exciter des troubles ; ils saisissent cette occasion pour exprimer leur respect et leur dévouement à l'assemblée nationale.

L'assemblée, satisfaite des sentimens patriotiques des habitans du fauxbourg Saint-Antoine, a décrété que leur adresse seroit imprimée.

M. Alexandre Beauharnais a communiqué une adresse de la garde nationale de la ville de Romorantin, qui renouvelle à l'assemblée nationale l'assurance de son attachement à la constitution, de son dévouement et de son zèle à l'exécution de ses décrets. Elle fait part d'un arrêté par lequel elle a décidé qu'il seroit fait à Romorantin un service solemnel en l'honneur des gardes nationales et des militaires qui ont péri dans

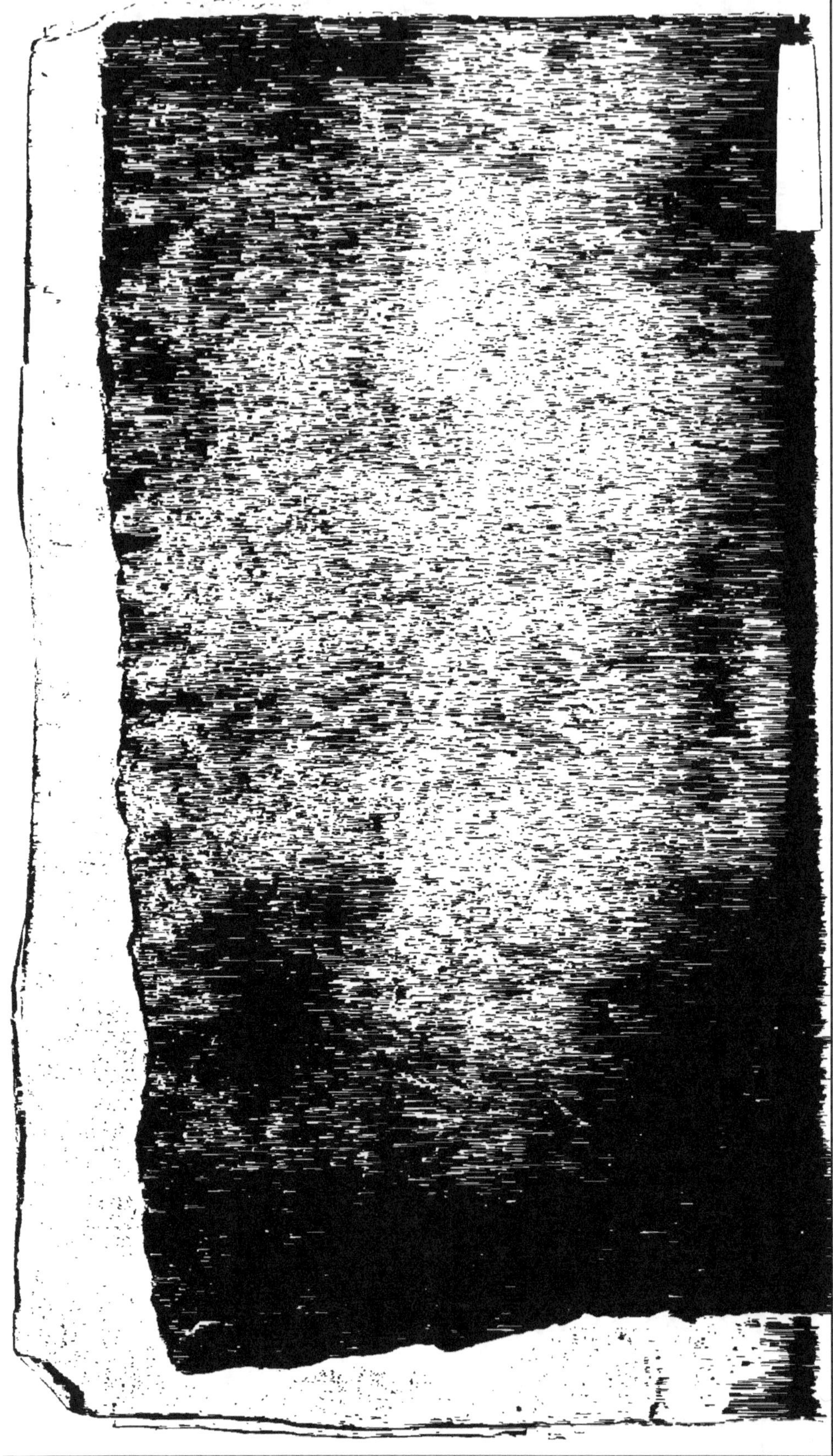

9 782019 607739